# 从零开始玩纸藤
# 环保篮子和包包编织教程

〔日〕古木明美 著

蒋幼幼 译

河南科学技术出版社

· 郑州 ·

# 用两种编结方法进行制作

编织相同花样的结，制作成篮子。

学会1个结的编法后，只需重复编结即可。

与普通的编篮方法不同，

即使中途停下，纸藤编绳也不会散开，

所以可以按自己的进度编织，

这也是这两种编结方法的魅力所在。

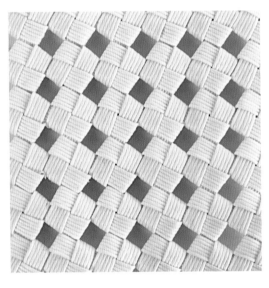

### 十字结

使用2条纸藤编绳，编出方格花样。分别将编绳对折成V形，用其中一条夹住另一条，将绳端穿入环中，再在新的环中穿入另一条编绳，收紧即可。用这种方法编的结也叫"方结"。

### 花结

使用3条纸藤编绳，编出绽放的六瓣小花的花样。编结方法与十字结基本相同，交错穿插3条对折成V形的编绳，依次在环中穿入绳端，收紧即可。

目录

# 十字结编织

# 花结编织

[ 关于难易程度 ]

★ = 可以通过简单操作完成，建议初学者从一颗星的作品开始制作。
★★ = 制作时间比较长，只要参照制作方法制作，一定能完成作品。
★★★ = 难度较大，但是完成后也将收获更大的喜悦。

# 十字结编织

## 方格图案的提篮

十字结

优雅的格子图案在简约之余，显得很是别致。
请用自己喜欢的两种颜色尝试制作吧！
建议初学者从这个篮子开始学习制作。

大小参考

制作方法 → p.30

# 横宽的六角形提篮

 十字结

无论是夏季的简易和服还是西式服装,这款设计都很百搭。
由于口比较宽,物品的取出和放入都非常方便。
特别是侧边,圆鼓鼓的造型更显可爱。

大小参考

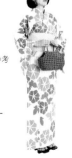

制作方法 → **p.38**

# 蝴蝶结手提包

十字结

用珍珠白色纸藤制作p.4的"方格图案的提篮",然后向内折侧边,将手提包折成梯形。

加上鼓鼓的、立体的蝴蝶结,整个包显得雅致又不失可爱。

只需用十字结编成长方形就可制作出蝴蝶结,所以制作时比看起来要简单。

大小参考

制作方法 → **p.44**

# 迷你购物篮

  十字结

这款设计在侧边增加了编绳，使底部呈现圆弧状。
篮口别致的波浪花样起到了收紧整体的效果。
提手上也设计了花样，显得新颖、独特。

大小参考

制作方法 → **p.41**

# 三角袋形单肩包

大小参考

十字结

斜向运用十字结编结方法的单肩包。
中间的V形设计既方便将包挂在肩上，也可以在包内放入A4纸尺寸的资料等。
包口的一圈饰边还起到了加固包包的作用。

制作方法 → **p.46**

# 反面编结的提篮

十字结

十字结的背面也非常漂亮，因此设计了这款将反面用作正面的提篮。
同样是十字结，这款却给人焕然一新的感觉。交叉花样的篮口也是一大亮点。
提手部分使用了不同的缠绕方法，别有一番趣味。

大小参考

制作方法 → p.50

# 粽形手拎包

十字结

将p.8 "三角袋形单肩包" 主体部分的折法变动一下，
就可以制作出这款粽形手拎包。
用不同的面进行展示会产生不同的效果，或者休闲，
或者端庄。
而且，能够放入很多东西。

--------------------------------------------------

制作方法 → **p.52**

大小参考

# 大容量购物篮

十字结

用4股纸藤编绳编结，缩小了单个花样。
要编的十字结很多，制作起来会比较累，但是作品真的很漂亮。
大容量尺寸的使用起来更是十分方便。

大小参考

制作方法 → **p.54**

# 郊游提篮

 十字结

因为是用编结的方法制作的，所以大的提篮也会非常结实。
使用宽幅纸藤编绳制作会比较容易，无论是收纳还是出门携带都很实用。
双层的篮口设计也起到了加固提篮的作用。

大小参考

制作方法 → **p.62**

# 花结编织

# 基础款花结提篮

 花结

不仅容量大，而且搭配和服或西式服装都非常时尚。

外形简约，容易制作，所以推荐给初学者。

每个花结都显得格外漂亮。

大小参考

制作方法 → **p.34**

# 雪花提篮

  花结

王六角形的提篮中设计了雪花花样。

才后两面都是花结，侧边用十字结进行连接。

是篮外形圆嘟嘟的，可爱极了，如果用单色制作，似乎也很配夏季简单的衣服呢。

大小参考

作方法 → **p.64**

# 水果篮子

 花结

余了用作提篮之外，
因为加了盖子，还可以用于收纳缝纫工具和纸藤编结工具等零碎物件。
花结盘扣和六角形的盖子都非常有特色。

制作方法 → **p.57**

大小参考

# 开满小花的手拿包

 花结

主体、盖子和边缘全部是花结，整只包就像镶满了朵朵小花。

由于是单色，不会过于华丽，也方便携带。

花结编法熟练后，不妨挑战一下这款设计吧！

加上链子，还可以用作斜挎包。

大小参考

制作方法 → **p.74**

# 网状提篮

 花结

使用细细的纸藤编绳等间距地编织花结，这样制作的提篮非常轻便。
虽然给人华丽的印象，但是收边做得很紧实，所以非常结实、耐用。
建议使用时在内部衬入束口袋或其他布袋。

大小参考

制作方法 → **p.68**

# 宠物外出携带包

 花结

这是为我的爱犬制作的。

包口闭合时可以用橡皮筋固定，使用起来非常方便。

包的大小、提手的长度、包口的形状等都进行了精心的设计。

没有小狗或小猫的朋友可以不编盖子，将它当作偏大的手提包使用。

※适用于小型宠物。装小狗时，我会先把它放进洗衣网袋，再放入包中，这样可以防止它突然跳出来

大小参考

制作方法 → **p.78**

# 圆弧口提篮

 花结

篮口圆润流畅的线条是这款作品的一大特色。

可以放入长款钱包、手机和平板电脑等，尺寸大小正适合外出时携带。

可以作为p.14"基础款花结提篮"的应用款进行制作。

大小参考

制作方法 → **p.83**

# 用剩余纸藤制作的迷你篮子

A

B

C

制作完篮子后一定要挑战一下哟！作为礼物送人，对方也会很高兴吧。
如果是初学者，在制作大篮子前，不妨先练习制作这些迷你篮子。

制作方法 → **p.86**

穿上绳子就是一个小挂件。
挂在配套的大篮子上，
可爱极了。

还可以用来插花。
用迷你篮子装饰在小的空间，
即使只插一朵小花也别有韵味。

# 编篮的基础知识 需要用到的材料和工具都很容易买到，可以马上动手开始制作。

## ● 材料

实物大小

12股（宽）

### 纸藤

所谓纸藤，是将再生纸加工成细细的纸捻状，然后用胶水将其粘在一起制作成扁平的带状的环保型材料。纸藤有各种宽度规格，本书中使用的纸藤由12股纸捻组成，即12股纸藤（约15 mm 宽）。

每卷的长度有5 m、10 m、30 m 等，请参照各个作品的材料说明准备用量。

我们将根据需要裁剪后的纸藤称为"编绳"。

※ 也有比一般纸藤偏薄的轻型纸藤。两种材料都可以使用，但是编结时需要经常做收紧动作，薄一点的纸藤比较容易操作

## ● 必备工具

### 剪刀
用于剪断纸藤或者剪出牙口。

### pp 带
将纸藤分股时使用。作为打包材料，在DIY材料店和普通商店均有出售。

### 卷尺
裁剪纸藤和测量编绳长度时使用。

### 铅笔
用于做记号。

### 晾晒夹
用于将编绳夹在一起，或者将涂胶黏合后的编绳夹住等待晾干。

### 纸胶带
用于将编绳暂时缠在一起。在文具店和普通商店都能买到。

### 胶水
用于粘贴编绳。推荐使用木工胶等晾干后呈透明状的速干型胶水。

## ● 制作前的准备工作

参照各个作品的"准备编绳的宽度和条数"与"裁剪图"，准备需要用到的纸藤。

譬如，"准备编绳的宽度和条数"中"① a……6股 200 cm×4条"的意思是：剪下200 cm 长的纸藤，分成6股一条，准备4条。"裁剪图"可以使裁剪纸藤时做到有效利用、避免浪费，所以请按图示进行裁剪。

标示的纸藤长度和成品尺寸仅供参考，因为编结时手的力度不同，编结的松紧度也不同，尺寸有时会发生变化。

※ 为了便于理解，裁剪图中对宽度和长度的比例做了调整

### 〈裁剪图的看法〉

使用纸藤的规格和颜色

竖线表示要剪断的线

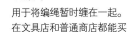

【30 m／卷】灰色

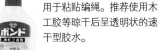

| ①a 6股 200 cm | ①a | ③b 6股 170 cm |
| ①a | ①a | ③b |

1080 cm

横线表示要分股的线

a、b、c表示用该条编绳第1个结时的方向

编绳的编号

裁剪后的编绳按编号暂时缠在一起备用

## ● 纸藤的裁剪和分股

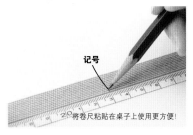

记号

将卷尺粘贴在桌子上使用更方便！

**1** 参照"准备编绳的宽度和条数"与"裁剪图"，在所需纸藤长度的裁剪处做上记号。

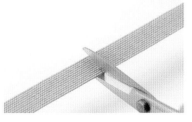

**2** 用剪刀沿着记号剪断纸藤。

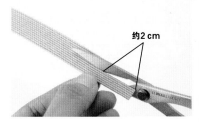

约2 cm

**3** 从边缘向内数出想要的纸捻股数，用剪刀沿纸捻间的凹槽（如果需要6股，则是第6股和第7股之间）剪出2 cm左右的牙口。

pp 带

编绳宽度示例

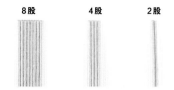

8 股　　4 股　　2 股

编号

**4** 在牙口处垂直插入 pp 带，向身体一侧用力拉动纸藤进行分股。

**5** 将编绳按编号（参照裁剪图中的①a ~ ）分别用纸胶带缠在一起，写上编号。

## ● 编织小技巧

**斜向修剪绳端**

收边时要将编绳插入编结中，修剪一下绳端会更加容易穿插。

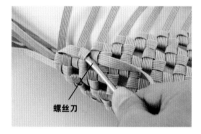

螺丝刀

**编绳难以穿插时**

将螺丝刀插入编结中，扩大空隙后再穿入编绳。

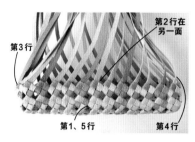

第2行在另一面

第3行

第1、5行

第4行

**错开编结起点位置**

第1行从长边的中心开始，第2行从另一面长边的中心开始，第3行从短边的中心开始，第4行从另一面短边的中心开始，第5行从与第1行相同的位置开始编结。错开编结起点位置，绳端就不会重叠在一条线上，作品显得更加轻便、精美。

## ● 如何调整尺寸

由于编结方法和编绳的宽度不同，所需编绳的长度也不一样。
熟练以后，参照下面的方法按自己喜欢的尺寸尝试制作吧！

**1个结需要的长度**

|  | 十字结 | 花结 |
|---|---|---|
| 2 股 |  | 3.5 cm |
| 4 股 | 4 cm | 5 cm |
| 6 股 | 6 cm | 8 cm |
| 12 股 | 12 cm |  |

**◆ 底部加宽2个结时（ 6 股）**

· 如果是十字结，增加2条b。制作底部的a加长12 cm（ 6 cm×2个结），制作主体的a加长24 cm（ 6 cm×4个结）。

· 如果是花结，b和c各增加2条。制作底部的a加长16 cm（ 8 cm×2个结），制作主体的a加长32 cm（ 8 cm×4个结）。

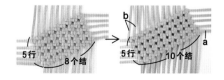

5行　　8个结　　→　　5行　　b　　10个结　　a

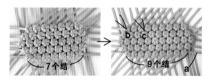

7个结　　→　　b　c　　9个结　　a

**◆ 高度增加1行时（ 6 股）**

· 如果是十字结，制作底部的a和b各加长12 cm（ 6 cm×2个结），制作主体的a增加1条。插入绳加长6 cm。

· 如果是花结，制作底部的a、b、c各加长16 cm（ 8 cm×2个结），制作主体的a增加1条。插入绳加长8 cm。

# 十字结的基础编法 使用 2 条编绳，通常从右向左编结。

## ● 第1个结

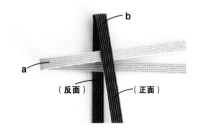

**1** 分别将a、b对折成V形。用b夹住a。

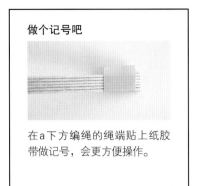

做个记号吧

在a下方编绳的绳端贴上纸胶带做记号，会更方便操作。

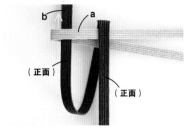

**2** 将b下方的编绳从a的中间穿过。

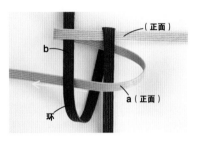

**3** 将a下方的编绳从穿b时形成的环中穿过。

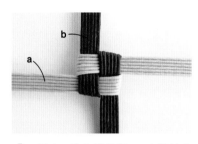

**4** 用力，均匀地收紧，1个结就完成了。

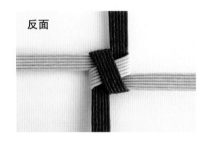

## ● 第2个结

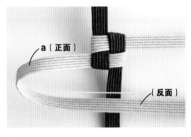

**5** 将a的左部轻轻地向下折。

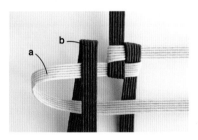

**6** 折1条新的编绳b，夹住a。
※ 编绳的折法参照p.27

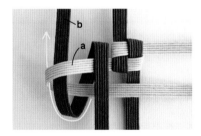

**7** 将b下方的编绳从a的中间穿过。

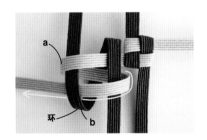

**8** 将a下方的编绳从穿b时形成的环中穿过，收紧。

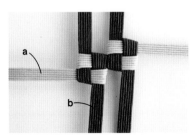

**9** 第2个结完成。按步骤**5~8**的要领继续编结，制作第1行所需的结。

## ● 第2行

**10** 折1条新的编绳a。将右端的b 轻轻地向后折，夹住a。

**11** 按步骤7~9的要领操作，收紧。 第2行的第1个结完成。依序制作 所需的结数和行数。

---

◎ **编绳的折法**　按制作方法中指定的折法折叠。折时需确认是上下哪一条编绳。

□ **以前一个结的长度为基准进行折叠**

折后使上方的编绳 与前一个结的编绳 长度一致。

折后使上方的编绳 比前一个结的编绳短 6 cm（或者8 cm）。

□ **以前一行的长度为基准进行折叠**

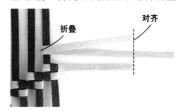

折后使上方的编绳与前一行的编绳 长度一致。

---

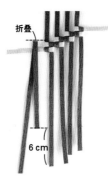

折后使上方的编绳相当于4个结的 长度。

◎ **结与结、行与行之间不留空隙的方法**

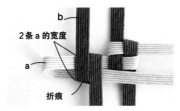

**1** 折叠b，夹住a后，将b下方的 编绳向上折，按2条a的宽度折 出折痕后将b从a中间穿过。

**2** 将a下方的编绳向左折，按2条 b的宽度折出折痕后将a穿入b 的环中，收紧。

---

◎ **编绳长度不够时**

□ **主体中部等不太受力的位置**

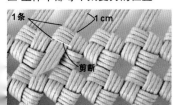

在新的编绳上涂上胶水，插入1条 编绳后剪断。下方旧的短绳留出 1 cm后剪断。

□ **内折收边部分或边缘等受力位置**

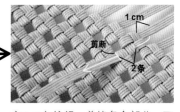

穿入1条编绳，穿入内侧，再翻至 外侧。

穿入2条编绳，剪掉多余部分。下 方旧的短绳留出1 cm后剪断。

27

# 花结的基础编法 使用3条编绳，通常从右向左编结。

## ● 第1个结

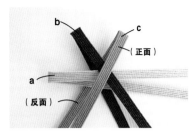

**1** 分别将a、b、c对折成V形。先用b夹住a，再用c夹住a和b。

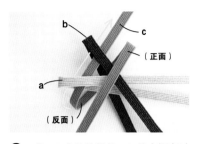

**2** 将c下方的编绳从a、b的中间穿过。

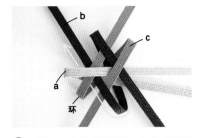

**3** 将b下方的编绳从穿c时形成的环和a的中间穿过。

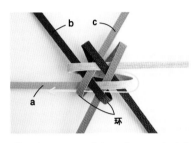

**4** 将a下方的编绳从穿b、c时形成的环中穿过。

**5** 用力，均匀地收紧。1个结就完成了。

## ●第2个结

**6** 将a的左部轻轻地向下折。

**7** 折1条新的编绳b，夹住a。

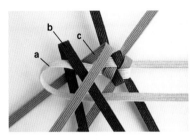

**8** 再折1条新的编绳c，夹住a和b。按步骤**2~4**的要领操作，收紧。

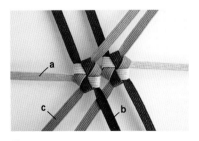

**9** 第2个结完成。按步骤**6~8**的要领继续编结，制作第1行所需的结。

## ● 第2行

**10** 折1条新的编绳a。将b轻轻地向后折，夹住a。

---

### 编结位置

第1个结编在前一行（如果编第2行，前一行就是第1行）的结与结之间（●=2条编绳交叉的位置）。

**11** 先将c拉至前面，再将c向后折，夹住a和b。

**12** 按步骤**2~4**的要领操作，收紧。第2行的第1个结完成。依序制作所需的结数和行数。

---

◎ **编绳的折法**　按制作方法中指定的折法折叠。折时务必确认是上下哪一条编绳。

□ 以前一个结的长度为基准进行折叠

折后使上方（或者下方）的编绳与前一个结的编绳长度一致。

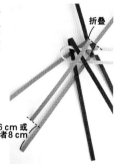

折后使上方（或者下方）的编绳比前一个结的编绳短6cm（或者8cm）。

□ 以前一行的长度为基准进行折叠

折后使上方的编绳与前一行的编绳长度一致。

◎ **编绳长度不够时**

□ 主体中部等不太受力的位置

折后使上方的编绳相当于4个结的长度。

在新的编绳末端涂上胶水，穿过2条编绳后插入内侧，再穿入内侧的2条编绳后剪断。下方旧的短绳留出1cm后剪断。

□ 内折收边部分或边缘等受力位置

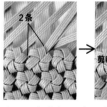

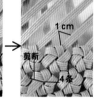

穿入2条编绳，穿入内侧，再翻至外侧，穿入4条编绳。下方旧的短绳留出1cm后剪断。

◎ **结与结、行与行之间不留空隙的方法**

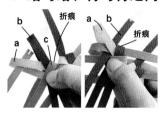

**1** 用c夹住a和b后，拉动编绳c，将折痕拉至b的边缘后按住，将c下方的编绳从a和b的中间穿过。按相同要领，分别将b的折痕拉至a的边缘，将a的折痕拉至c的边缘后按住，再穿入编绳。

**2** 为了使行与行之间不留空隙，用c夹住a和b后，拉紧编绳使图中★处的3条编绳呈平行状态，再穿入c。穿入b和a时也按相同要领操作。

# 制作方法

## 方格图案的提篮

photo：p.4

### ◎ 材料

纸藤 30 m／卷（No.17／灰色）…1卷
纸藤 30 m／卷（No.49／湖蓝色）…1卷

### ◎ 准备编绳的宽度和条数

※除特别指定外，均为湖蓝色 ※①~⑥为编结绳

①a…………6股 220 cm×4条（灰色）
②a…………6股 220 cm×2条
③b…………6股 190 cm×8条（灰色）
④b…………6股 190 cm×4条
⑤a…………6股 230 cm×7条（灰色）
⑥a…………6股 230 cm×3条
⑦提手内侧绳…6股 60 cm×2条
⑧提手外侧绳…6股 61 cm×2条
⑨缠绕绳………2股 300 cm×2条

### ◎ 裁剪图

多余部分 = ▨

〔30 m／卷〕灰色

| 12股 | ①a 6股 220 cm | ①a | ③b 6股190 cm | ③b | ③b | ③b |
| | ①a | ①a | ③b | ③b | ③b | ③b |

├──────────── 1 200 cm ────────────┤

| 12股 | ⑤a 6股230 cm | ⑤a | ⑤a | ⑤a |
| | ⑤a | ⑤a | ⑤a | |

├──────── 920 cm ────────┤

〔30m／卷〕湖蓝色

| 12股 | ②a 6股 220 cm | ④b 6股190 cm | ④b | ⑥a 6股 230 cm | ⑥a | ⑨2股 300 cm |
| | ②a | ④b | ④b | ⑥a | | ⑦6股60 cm　⑧6股 61 cm |

├──────────── 1 360 cm ────────────┤

### ◎ 制作方法　※为了便于识别，改用不同颜色的编绳

#### ● 对纸藤进行裁剪、分股

参照"裁剪图"，按指定长度对纸藤进行裁剪和分股。
≫参照 p.24 "纸藤的裁剪和分股"

#### ● 制作底部　※除特别指定外，所有编绳均对折成V形后再编结

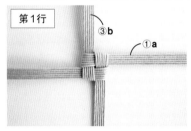

第1行

**1** 用①a和③b编中心的1个结。
≫参照 p.26 "十字结的基础编法" 步骤 1~4

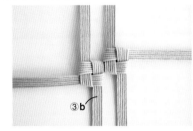

**2** 用③b编第2个结。
≫参照 p.26 "十字结的基础编法" 步骤 5~9

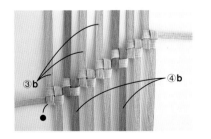

**3** 依次用④b、③b、③b、④b、③b编结。第7个结完成。

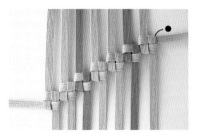

**4** 旋转180°。

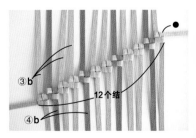

**5** 接着用④b、③b、③b、④b、③b编结。第1行完成。

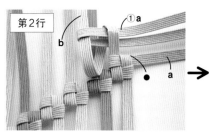

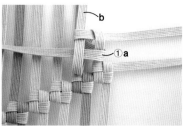

**6** 取1条新的编绳①a，折后使①a上方的编绳与前一行（第1行）a的长度一致。编1个结。
≫参照 p.26 "十字结的基础编法" 步骤 **10**、**11** 和 p.27 "编绳的折法"

**7** 用同一条①a向左一共编12个结。

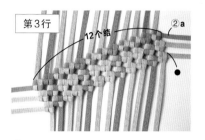

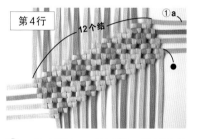

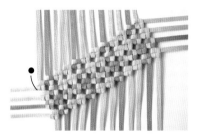

**8** 按步骤 **6**、**7** 的要领，用新的编绳②a编12个结。

**9** 按步骤 **6**、**7** 的要领，用新的编绳①a编12个结。

**10** 旋转180°。

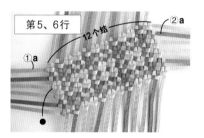

● 制作主体

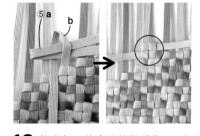

**11** 按步骤 **6**、**7** 的要领，用新的编绳②a编第5行，用新的编绳①a编第6行，每行12个结。底部完成。

**12** 从长边的中心（从一端向中心数第6或第7个结）开始编结。折叠⑤a，使上方的编绳相当于前一行4个结的长度。
≫参照 p.27 "编绳的折法"

**13** 将底部延伸出的编绳看作b，夹住⑤a，编1个结。

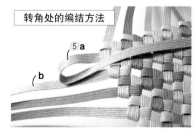

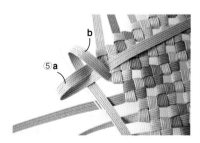

**14** 用同一条⑤a继续编结至转角前一个结（长边左端）。

**转角处的编结方法**

**15** 转角处折叠⑤a。

**16** 用b夹住⑤a。

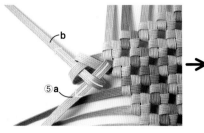
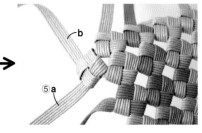

**17** 将b穿入⑤a的环中，再将⑤a
穿入b的环中。

收紧后转角处的空隙呈三角形，角上
的结呈立起状态。

**18** 剩下的3个转角也按步骤**15~17**
的要领编结，编至编结起点前剩
3条编绳。

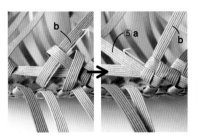

**19** 折叠⑤a，夹住编结起点预留的
a的绳端。
※ 为了便于识别，将b翻至前面

**20** 用b夹住⑤a和绳端。

**21** 将b穿入⑤a的环中，再将⑤a
穿入b的环中，收紧。

**22** 剩下的2个结也按步骤**19~21**
的要领编结。

**23** 将a的绳端穿入左侧相邻结外侧
的1条编绳，编至内侧。穿入内
侧的1条编绳后再穿至外侧。穿
入2条编绳后剪掉多余部分。

● 收边

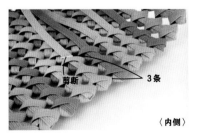

第2~10行

**24** 按步骤**12~23**的要领，第2、5、8
行用⑥a编结，第3、4、6、7、
9、10行用⑤a编结。主体完成。
※按p.25 "错开编结起点位置" 的要领操作
※第2行后面的转角处按基础的编结方法进行
编结，不会形成三角形空隙

**25** 将突出篮口边缘的编绳沿着结边
翻折至内侧。

**26** 分别向下穿入内侧的3条编绳，
剪掉多余部分。

〈内侧〉

● 安装提手

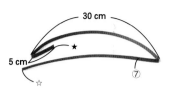

**27** 将⑦提手内侧绳折2次。

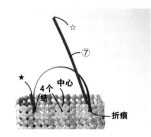

**28** 将⑦提手内侧绳的两端从外侧穿至内侧。

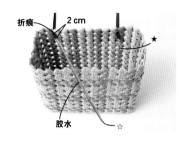

**29** 折痕处留出2 cm，在两端的反面涂上胶水。

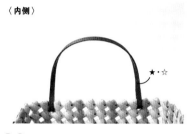

**30** 先粘贴★一侧，对齐★和☆后再将整条粘贴好。

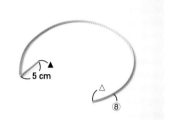

**31** 翻折⑧提手外侧绳的一端。

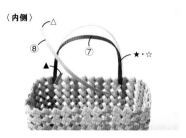

**32** 在⑦提手内侧绳的相同位置，将⑧提手外侧绳的两端从外侧穿至内侧。
※从步骤**29**中★和☆的另一侧穿入

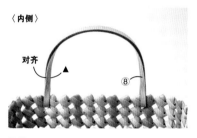

**33** 在整条外侧绳的反面都涂上胶水，先粘贴▲一侧，再粘贴剩下的部分，将⑦提手内侧绳夹在中间。对齐▲和△，剪掉多余部分。

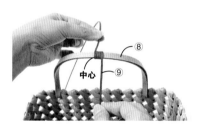

**34** 对齐⑨缠绕绳，从提手的中心向两端缠绕，注意不要留出空隙。

**35** 缠绕结束时，将⑨缠绕绳穿入⑦提手内侧绳根部的环中，在⑨缠绕绳的反面涂上胶水后拉紧，然后剪掉多余部分。

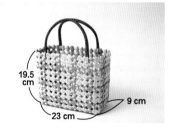

**36** 提手的另一半也按步骤**34**、**35**的要领操作。

另一侧的提手也按步骤**27~36**的要领操作。完成。

# 基础款花结提篮  `photo : p.14`

## ◎ 材料

纸藤 30 m／卷（No.33／浅棕色，或 No.32／深棕色）…2卷

## ◎ 准备编绳的宽度和条数　※①~⑧为编结绳

①a……6股　286 cm×1条
②a……6股　278 cm×2条
③a……6股　270 cm×2条
④b、c…6股　238 cm×各7条
⑤b、c…6股　230 cm×各2条

⑥b、c……6股　222 cm×各2条
⑦b插入绳…6股　105 cm×6条
⑧a…………6股　248 cm×11条
⑨提手绳…5股　70 cm×8条

## ◎ 裁剪图　　多余部分 = ▨

〔30 m／卷〕×2 浅棕色或深棕色

| 12股 | ①a 6股286 cm | ⑤b 6股230 cm | ⑤c 6股230 cm | ⑥b 6股222 cm | ⑥c 6股222 cm |
| | ⑧a 6股248 cm | ⑤b | ⑤c | ⑥b | ⑥c |

——————— 1 190 cm ———————

| 12股 | ②a 6股278 cm | ③a 6股270 cm | ⑦b 6股105 cm | ⑦b | ⑦b | ⑦b | ⑨ 5股70 cm | ⑨ | ⑨ | ⑨ | ⑨ |
| | ②a | ③a | ⑦b | ⑦b | ⑦b | ⑦b | ⑨ | ⑨ | ⑨ | ⑨ | ⑨ |

——————— 1 143 cm ———————

| 12股 | ④b 6股238 cm | ④b | ④b | ④b | ④b | ④b |
| | ④c | ④c | ④c | ④c | ④c | ④c |
| ④c 6股238 cm | | | | | | |

——————— 1 666 cm ———————

| 12股 | ⑧a 6股248 cm | ⑧a | ⑧a | ⑧a | ⑧a |
| | ⑧a | ⑧a | ⑧a | ⑧a | ⑧a |

——————— 1 240 cm ———————

## ◎ 制作方法　※为了便于识别，改用不同颜色的编绳

### ● 对纸藤进行裁剪、分股

参照"裁剪图"，按指定长度对纸藤进行裁剪和分股。
≫参照 p.24 "纸藤的裁剪和分股"

### ● 制作底部　※除特别指定外，所有编绳均对折成 V 形后再编结

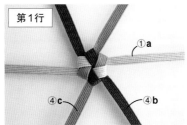

第1行
①a
④c　④b

**1** 用①a和④b、c编中心的1个结。
≫参照 p.28 "花结的基础编法" 步骤 1~5

①a
④c　④b

**2** 用④b、c编第2个结。
≫参照 p.28 "花结的基础编法" 步骤 6~9

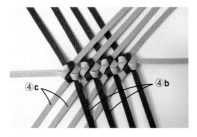

④c　④b

**3** 用④b、c各2条再编2个结。

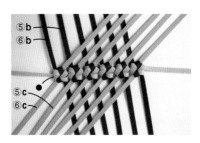

⑤b
⑥b
⑤c
⑥c

**4** 用⑤b、c编1个结，再用⑥b、c编1个结。6个结完成。
※折叠每条c，使上方的编绳比前一个结的c短8 cm
≫参照 p.29 "编绳的折法"

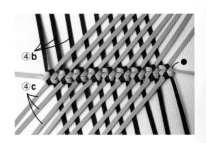

④b
④c

**5** 旋转180°。用④b、c各3条继续编3个结。

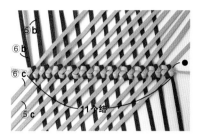

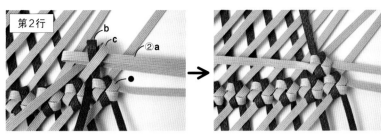

**6** 按步骤**4**的要领，用⑤b、c编1个结，再用⑥ b、c编1个结。第1行完成。

**7** 取1条新的编绳②a，折后使②a上方的编绳与前一行（第1行）a的长度一致。编1个结。
≫参照 p.28 "花结的基础编法"步骤**10~12**和 p.29 "编绳的折法"

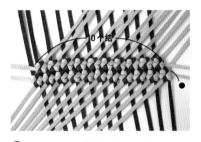

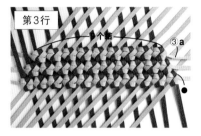

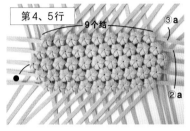

**8** 用同一条②a向左一共编10个结。

**9** 按步骤**7**、**8**的要领，用新的编绳③a编9个结。

**10** 旋转180°。按步骤**7**、**8**的要领，用新的编绳②a编第4行的10个结，用新的编绳③a编第5行的9个结。底部完成。

● 制作主体

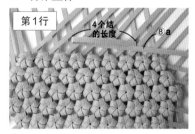

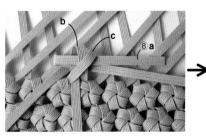

第1行

**11** 从长边的中心（从一端向中心数第4或第5个结）开始编结。折叠⑧a，使上方的编绳相当于前一行4个结的长度。
≫参照 p.29 "编绳的折法"

**12** 将底部延伸出的编绳看作b、c，编1个结。

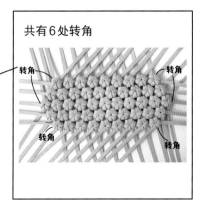

共有6处转角

**13** 用同一条⑧a继续编结至转角前一个结。

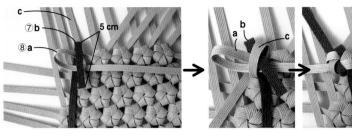

**14** 在转角处加结。折叠⑦b插入绳，使上方的编绳长5 cm，作为b编1个结。这样，转角处增加了1个结，呈立起状。

**15** 将⑦b插入绳较短的绳端插入内侧，穿入结中，剪掉多余部分。

**16** 剩下的5个转角也按步骤**14**、**15**的要领加入⑦b插入绳，用同一条⑧a编结，编至编结起点前剩3个结。

**17** 折叠⑧a，夹住编结起点预留的a的绳端。

**18** 用b夹住绳端和a。

**19** 用c夹住绳端、a、b，编1个结。

**20** 剩下的2个结也按步骤**17~19**的要领编结。

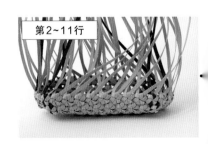

**21** 将a的绳端穿入左侧相邻结外侧的2条编绳，翻至内侧。穿入内侧的2条编绳后再穿至外侧。穿入4条编绳后剪掉多余部分。

※翻至内侧后，穿入内侧交叉的2条编绳

**22** 第2~11行按步骤**11~13**、**16~21**的要领，分别用⑧a编结。

※转角处不再加入插入绳，将第1行的插入绳作为b编结

※按p.25"错开编结起点位置"的要领操作

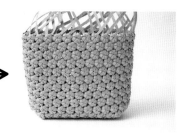

● 收边

**23** 将突出篮口边缘的编绳沿着结边翻至内侧。

〈内侧〉　3条

**24** 将一个方向的编绳分别穿入内侧的3条编绳。

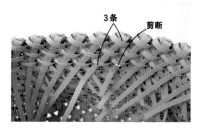

3条　剪断

**25** 与步骤**24**方向不同的编绳也分别穿入内侧的3条编绳中，剪掉多余部分。

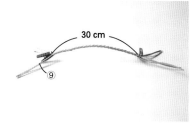

30 cm　⑨

**26** 用4条⑨提手绳编1根30 cm长的圆辫。用同样方法制作另一根。
≫参照 p.73 "四股圆辫"

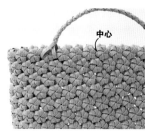

中心

**27** 将提手一边的2条绳端分别从外侧穿至内侧。

**28** 将穿至内侧的2条绳翻至外侧。

**29** 将其中一条穿入环中，与另一条交叉。

**30** 将两端穿入内侧。

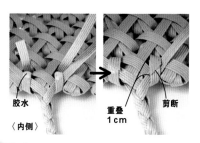

胶水　重叠　剪断　1 cm
〈内侧〉

**31** 在内侧涂上胶水，粘贴绳端后剪掉多余部分。

3条

**32** 将剩下的2条绳端折一次后穿入3条编绳，剪掉多余部分。提手的另一端也按步骤**27**~**32**的要领操作。

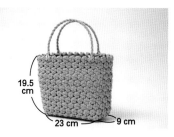

19.5 cm　23 cm　9 cm

**33** 另一侧的提手也按步骤**27**~**32**的要领操作。完成。

# 横宽的六角形提篮

photo：p.5

## ◎ 材料

纸藤30m／卷（No.19／玫红色）…1卷

## ◎ 准备编绳的宽度和条数 ※①～⑩为编结绳

| | | |
|---|---|---|
| ①a……6股 160cm×5条 | ⑧a……6股 94cm×2条 |
| ②b……6股 160cm×9条 | ⑨a……6股 83cm×2条 |
| ③b……6股 149cm×2条 | ⑩a……6股 72cm×2条 |
| ④a……6股 198cm×1条 | ⑪提手内侧绳……6股 60cm×2条 |
| ⑤b插入绳……6股 100cm×4条 | ⑫提手外侧绳……6股 61cm×2条 |
| ⑥a……6股 220cm×1条 | ⑬缠绕绳……2股 300cm×2条 |
| ⑦a……6股 242cm×5条 | |

## ◎ 裁剪图　　多余部分 = ▨

〔30m／卷〕玫红色

| 12股 | ①a 6股160cm | ①a | ①a | ②b | ②b | ②b | ②b |
|---|---|---|---|---|---|---|---|
| | ①a | ①a | ②b 6股160cm | ②b | ②b | ②b | ②b |

─────────────── 1 120 cm ───────────────

| 12股 | ③b 6股149cm | ⑥a 6股220cm | | ⑤b 6股100cm | ⑤b | ⑦a 6股242cm | ⑦a 6股242cm |
|---|---|---|---|---|---|---|---|
| | ③b | ④a 6股198cm | ▨ | ⑤b | ⑤b | ⑦a | ⑦a |

─────────────── 1 053 cm ───────────────

| 12股 | ⑧a 6股 94 cm | ⑨a 6股 83 cm | ⑩a 6股 72 cm | ⑪ 6股 60 cm | ⑫ 6股 61 cm | ⑬2股300cm ／ ⑦a 6股242cm |
|---|---|---|---|---|---|---|
| | ⑧a | ⑨a | ⑩a | ⑪ | ⑫ | ⑦a 6股242cm |

─────── 670 cm ───────

## ◎ 制作方法　※为了便于识别，改用不同颜色的编绳

### ● 对纸藤进行裁剪、分股

参照"裁剪图"，按指定长度对纸藤进行裁剪和分股。

≫参照 p.24"纸藤的裁剪和分股"

### ● 制作底部　※除特别指定外，所有编绳均对折成V形后再编结

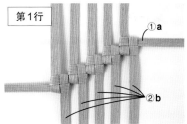

第1行

**1**　用①a和②b编中心的1个结，接着用②b编4个结。

≫参照 p.26"十字结的基础编法"步骤 **1~9**

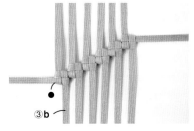

**2**　用③b编1个结。

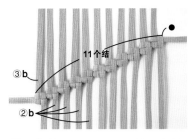

**3**　旋转180°。用②b编4个结，用③b编1个结。第1行完成。

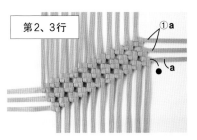

第2、3行

**4**　用①a编2行，各11个结。

※折叠①a，使上方的编绳与前一行的a长度一致

≫参照 p.26"十字结的基础编法"步骤 **10**、**11** 和p.27"编绳的折法"

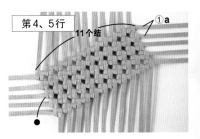

第4、5行

**5**　旋转180°。按步骤**4**的要领用①a编2行，各11个结。底部完成。

● 制作主体　※第1行的编结起点参照p.31的步骤**12**、**13**

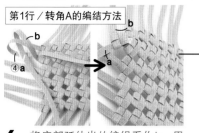

第1行／转角A的编结方法

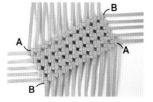

转角的编结方法

转角A按步骤**6**的要领编结，转角B按p.31、32步骤**15~17**的要领编结。

**6** 将底部延伸出的编绳看作b，用④a从长边的中心开始编结，编至转角前一个结。转角处折叠a，将b穿入a的环中编结。

※折叠④a，使上方的编绳相当于前一行4个结的长度
》参照p.27"编绳的折法"

**7** 编至编结起点前剩3条编绳。按p.32步骤**19~23**的要领操作。

第2行

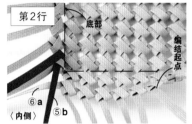

底部　编结起点　〈内侧〉　⑥a　⑤b

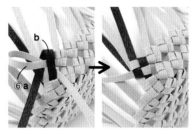

**8** 用⑥a编至转角前一个结。将⑤b插入绳V形折，穿入第1行短边内侧一端的结里。

※折叠⑥a，使上方的编绳相当于前一行4个结的长度
※按p.25"错开编结起点位置"的要领操作

**9** 将⑤b插入绳的其中1条编绳翻至外侧，作为编绳b编1个结。

※⑤b插入绳的另一条编绳保留备用
※第2行后面的转角按基础的编结方法进行编结，不会形成三角形空隙

**10** 剩下的3个转角也按步骤**8**、**9**的要领加入⑤b插入绳编结，共加4个结。

第3行

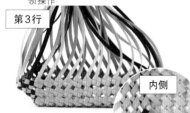

内侧

第4~7行

第8行

中心　⑧a

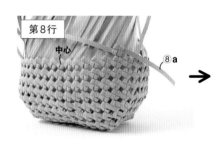

**11** 用⑦a编结。转角处步骤**9**留下的⑤b插入绳也作为编绳b编结（共加4个结）。

※折叠⑦a，使上方的编绳相当于前一行4个结的长度

**12** 第4~7行分别用⑦a编结。

※折叠⑦a，使上方的编绳相当于前一行4个结的长度

**13** 用⑧a编13个结。

※折叠⑧a，使上方的编绳相当于前一行8个结的长度

13个结

第9、10行

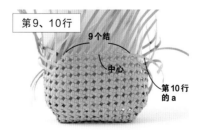

9个结　中心　第10行的a

● 收边

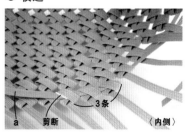

a　剪断　3条　〈内侧〉

**14** 第9行用⑨a编11个结，第10行用⑩a编9个结。另一侧也按步骤**13**、**14**的要领编结。

※折叠⑨a、⑩a，使上方的编绳相当于前一行8个结的长度

**15** 对▲部分（步骤**26**）进行收边。将右端第10行的a穿入边缘内侧的3条编绳，剪掉多余部分。

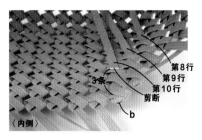

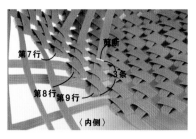

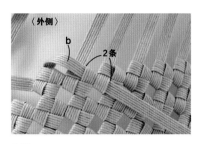

**16** 将右端第8~10行的b穿入内侧的3条编绳，剪掉多余部分。

**17** 将左端第7~9行的b穿入内侧的3条编绳，剪掉多余部分。

**18** 折叠第10行的b，穿入2条编绳。

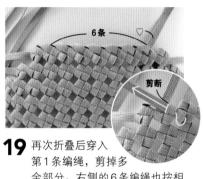

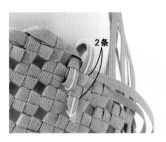

**19** 再次折叠后穿入第1条编绳，剪掉多余部分。右侧的6条编绳也按相同要领操作。

**20** 将右端的b（♡）穿入其旁边的1条编绳，折后再穿入下一行（第9行）边上的1条编绳。

**21** 接着穿入内侧，然后翻至外侧，再穿入2条编绳后剪掉多余部分。

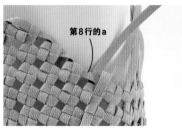

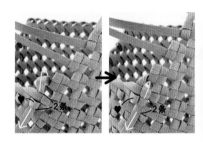

**22** 第9行和第8行一端的a也按步骤**20**、**21**的要领操作。

**23** 第7行侧边的6条b按步骤**18**、**19**的要领操作。

**24** 将另一侧左端第8行的a折后穿入下一行边上的2条编绳，接着穿入内侧，然后再穿至外侧，穿入2条编绳后剪掉多余部分。

● 安装提手

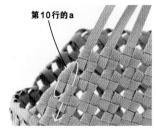

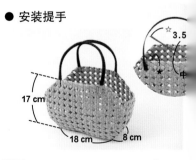

**25** 第9行和第10行边上的a按步骤**24**的要领操作，注意不同的是，折后穿入下一行边上的1条编绳。

**26** 剩下的一半（◆）也按步骤**15~25**的要领进行收边。

**27** 按p.30"方格图案的提篮"步骤**27~36**的要领操作。完成。

迷你购物篮 　photo：p.7

## ◎ 材料

纸藤30 m / 卷、5 m / 卷（No.25 / 深绿色）…各1卷

## ◎ 准备编绳的宽度和条数　※①~⑥为编结绳

| | | |
|---|---|---|
| ①a…………6股　205 cm×5条 | ⑥a…………6股　231 cm×8条 |
| ②b…………6股　178 cm×9条 | ⑦提手内侧绳…8股　72 cm×2条 |
| ③a…………6股　187 cm×1条 | ⑧提手外侧绳…8股　73 cm×2条 |
| ④b插入绳…6股　145 cm×4条 | ⑨提手装饰绳…3股　25 cm×4条 |
| ⑤a…………6股　211 cm×1条 | ⑩缠绕绳…………2股　300 cm×2条 |

## ◎ 裁剪图　　多余部分 =

〔30 m / 卷〕深绿色

⑦8股72 cm　　⑧8股73 cm

12股

| ①a 6股205 cm | ①a | ①a | ③a 6股187 cm | ⑦ | ⑧ |
| ①a | ①a | ⑤a 6股211 cm | ②b 6股178 cm | | |

⑩2股300 cm

—————— 1 108 cm ——————

12股

| ②b 6股178 cm | ②b | ②b | ②b |
| ②b | ②b | ②b | ②b |

⑨3股25 cm

———— 737 cm ————

〔5 m / 卷〕深绿色

④b 6股145 cm

12股

| ⑥a 6股231 cm | ⑥a | ⑥a | ⑥a | ④b 6股145 cm |
| ⑥a | ⑥a | ⑥a | ⑥a | ④b |

—————— 1 069 cm ——————

12股
| ④b 6股145 cm |
| ④b |

← 145 cm →

## ◎ 制作方法　※为了便于识别，改用不同颜色的编绳

### ● 对纸藤进行裁剪、分股

参照"裁剪图"，按指定长度对纸藤进行裁剪和分股。
≫参照 p.24 "纸藤的裁剪和分股"

### ● 制作底部　※除特别指定外，所有编绳均对折成Ｖ形后再编结

第1行

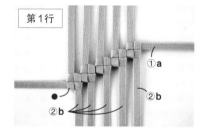

**1** 用①a和②b编中心的1个结。接着用②b编4个结。
≫参照 p.26 "十字结的基础编法"步骤1~9

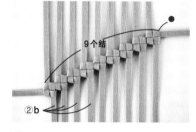

9个结

**2** 旋转180°，用②b编4个结。第1行完成。

第2、3行

**3** 第2、3行用①a各编9个结。
※折叠①a，使上方的编绳与前一行的a长度一致
≫参照 p.26 "十字结的基础编法"步骤10、11和p.27 "编绳的折法"

第4、5行

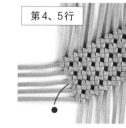

**4** 旋转180°。第4、5行按步骤**3**的要领用①a各编9个结。底部完成。

### ● 制作主体　※第1行的编结起点参照p.31的步骤**12**、**13**

第1行／转角Ａ的编结方法

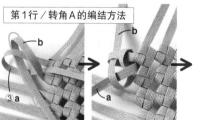

**5** 将底部延伸出的编绳看作b，夹住③a从长边的中心开始编结，编至转角前一个结。转角处折叠a，将1条b穿入a的环中编结。
※折叠③a，使上方的编绳相当于前一行4个结的长度
≫参照 p.27 "编绳的折法"

41

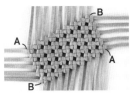

**转角的编结方法**

转角A按步骤**5**的要领编结，转角B按p.31、32步骤**15~17**的要领编结。

**6** 编至编结起点前剩3条编绳，按p.32步骤**19~23**的要领操作。

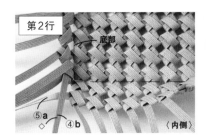

第2行 底部

⑤a ④b 〈内侧〉

**7** 用⑤a编至转角前一个结。将④b插入绳对折成V形，穿入第1行侧边内侧一端的结里。

※折叠⑤a，使上方的编绳相当于前一行4个结的长度

※按p.25"错开编结起点位置"的要领操作

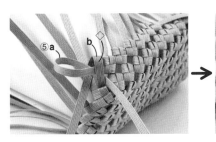

⑤a b

**8** 将④b插入绳的其中1条（◇）翻至外侧，作为编绳b编1个结。

※④b插入绳的另一条编绳保留备用

※第2行后面的转角按基础的编结方法进行编结，不会形成三角形空隙

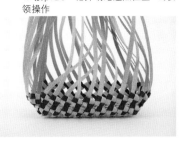

**9** 剩下的3个转角也按步骤**7、8**的要领加入④b插入绳编结，共加4个结。

第3行

⑥a b

**10** 用⑥a编结。转角处步骤**8**留下的④b插入绳也作为编绳b编结（共加4个结）。

※折叠⑥a，使上方的编绳相当于前一行4个结的长度

第4~10行

**11** 第4~10行分别用⑥a编结。主体完成。

※折叠⑥a，使上方的编绳相当于前一行4个结的长度

● **收边**

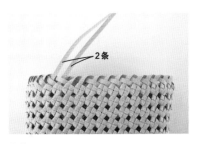

**12** 将突出篮口边缘的编绳向后翻，穿过右侧相邻编绳的后方翻至外侧，再穿至内侧。

2条

**13** 剩下2条做穿插。

**14** 将左边的编绳穿过右边编绳的后方，再穿入内侧。

**15** 将右边的编绳从旁边的环中穿出。

**16** 穿入内侧。

**17** 调整上端使篮口的编绳之间不留空隙。

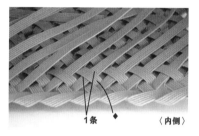

**18** 将绳端插入篮口边上的1条编绳中。

**19** 折后再次插入步骤**18**的编绳中，接着插入下方的2条编绳后剪掉多余部分。

● 安装提手

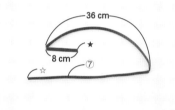

**20** 将⑦提手内侧绳折2次。

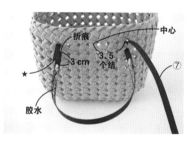

**21** 将两端从外侧穿至内侧，间隔1行再穿至外侧。折痕处留出3 cm，在两端反面涂上胶水。

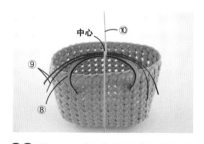

**22** 按p.30 "方格图案的提篮"步骤**30~33**的要领操作，粘贴⑧提手外侧绳。对齐2条⑨提手装饰绳和⑩缠绕绳，用⑩在⑨与⑧的中心缠绕2圈。
※将⑧提手外侧绳的绳端折叠8 cm

**23** 用⑩缠绕绳在1条⑨提手装饰绳的下方缠绕1圈。

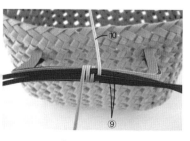

再在另一条⑨提手装饰绳的下方缠绕1圈。1个花样完成。

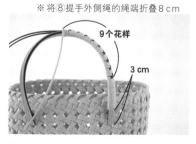

**24** 按步骤**22**、**23**的要领重复缠绕，一共缠9个花样。然后不用花样，紧密地缠至距末端3cm处。结束时按p.33步骤**35**的要领操作。

**25** 提手的另一半按步骤**22~24**的要领操作。另一侧的提手按步骤**20~25**的要领操作。完成。

43

# 蝴蝶结手提包

photo : p.6

## ◎ 材料

纸藤 30 m / 卷 ( No.43 / 珍珠白色 )…1卷
纸藤 5 m / 卷 ( No.6 / 黑色 )…2卷

## ◎ 准备编绳的宽度和条数

※ 除特别指定外，均为珍珠白色
※ ①~⑥的宽度和条数与p.30 "方格图案的提篮" 相同，
不过①~⑥的颜色均改为珍珠白色
⑦提手内侧绳……………………6股　60 cm×2条（黑色）
⑧提手外侧绳……………………6股　61 cm×2条（黑色）
⑨缠绕绳……………………………2股　300 cm×2条（黑色）
⑩a蝴蝶结主体用绳………6股　74 cm×4条（黑色）
⑪b蝴蝶结主体用绳………6股　42 cm×10条（黑色）
⑫a蝴蝶结中心用绳………6股　40 cm×1条（黑色）
⑬b蝴蝶结中心用绳………6股　15 cm×3条（黑色）

## ◎ 裁剪图

多余部分 = █████　※①~⑥与p.30 "方格图案的提篮" 相同。⑥a在⑤a下面裁剪。使用珍珠白色

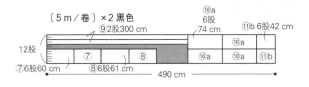

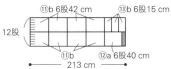

## ◎ 制作方法　※ 为了便于识别，改用不同颜色的编绳

### ● 对纸藤进行裁剪、分股

参照 "裁剪图"，按指定长度对纸藤进
行裁剪和分股。

≫参照p.24 "纸藤的裁剪和分股"

### ● 制作手提包的主体

按p.30 "方格图案的提篮" 步骤
**1~36**的要领制作。将侧边折成V形。

### ● 制作蝴蝶结主体部分　※ 除特别指定外，所有编绳均对折成V形后再编结

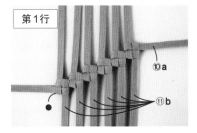

**1**　用⑩a和⑪b编中心的1个结。
　　用⑪b编5个结。

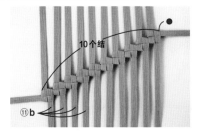

**2**　旋转180°，用⑪b编4个结。

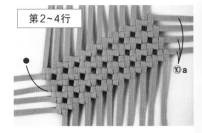

**3**　第2、3行用⑩a各编10个结。
　　旋转180°，第4行也用⑩a编
　　10个结。

※ 所有的⑩a折叠后使上方的编绳与
前一行的a长度一致

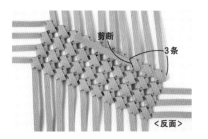

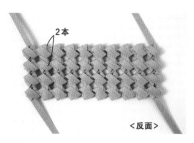

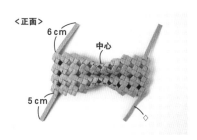

**4** 将左右两端的编绳翻至反面，穿入3条编绳中。剪掉多余部分。

**5** 在上下两边的两端各留1条编绳，将其余绳端都翻至反面，穿入2条编绳中。剪掉多余部分。

**6** 将上边的编绳剪至6 cm长，下边的编绳剪至5 cm长。将主体中心折成M形。蝴蝶结主体部分完成。

● 制作蝴蝶结中心部分

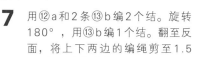

**7** 用⑫a和2条⑬b编2个结。旋转180°，用⑬b编1个结。翻至反面，将上下两边的编绳剪至1.5 cm长。涂上胶水。

**8** 将编绳分别向上、下插入绳结。蝴蝶结的中心部分完成。

● 安装蝴蝶结主体和中心部分

**9** 将蝴蝶结主体部分上下两边的编绳穿入手提包主体的内侧。

**10** 将步骤**8**完成的蝴蝶结中心部分裹在蝴蝶结主体部分的中心，将两端的编绳穿入手提包主体的内侧。

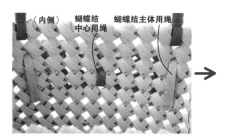

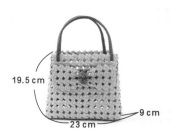

**11** 给蝴蝶结主体部分下方的编绳涂上胶水，与上方的编绳粘贴在一起。将蝴蝶结中心部分的2条编绳剪成重叠后1个结的长度，粘贴在一起。完成。

**三角袋形单肩包** photo : p.8

## ◎ 材料

纸藤 30 m／卷（No.18／靛蓝色）…1卷
纸藤 30 m／卷（No.2／白色）…1卷

## ◎ 准备编绳的宽度和条数

※除特别指定外，均为白色 ※①~④为编结绳

①a、b………6股　297 cm × 各1条
②a、b………6股　297 cm × 各10条（靛蓝色）
③a、b………6股　284 cm × 各2条
④a、b………6股　277 cm × 各2条
⑤提手绳………5股　100 cm × 4条

## ◎ 裁剪图　　多余部分 = ▨

〔30 m／卷〕白色

| 12股 | ①a 6股297 cm | ③a 6股284 cm | ③b 6股284 cm |
|---|---|---|---|
| | ①b 6股297 cm | ③a | ③b |

865cm

| 12股 | ④a 6股277 cm | ④b 6股277 cm | ⑤5股100 cm ⑤ |
|---|---|---|---|
| | ④a | ④b | ⑤ ⑤ |

754 cm

〔30 m／卷〕靛蓝色

| 12股 | ②a 6股297 cm | ②a | ②a | ②a | ②a | ②a | ②a | ②a | ②a |
|---|---|---|---|---|---|---|---|---|---|
| | ②b 6股297 cm | ②b | ②b | ②b | ②b | ②b | ②b | ②b | ②b |

2 970 cm

## ◎ 制作方法　※为了便于识别，改用不同颜色的编绳

### ● 对纸藤进行裁剪、分股

参照"裁剪图"，按指定长度对纸藤进行裁剪和分股。

》参照p.24"纸藤的裁剪和分股"

### ● 制作基础部分　※除特别指定外，所有编绳均对折成V形后再编结

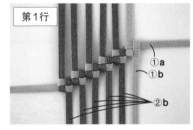

第1行

**1** 用①a、b编中心的1个结，用②b编5个结。

》参照p.26"十字结的基础编法"步骤 1~9

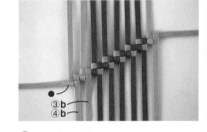

**2** 用③b和④b各编1个结。

※折叠③b，使上方的编绳与前一个结的b长度一致；折叠④b，使上方的编绳比前一个结的b短6cm

》参照p.27"编绳的折法"

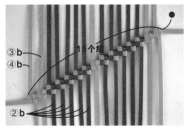

**3** 旋转180°，用②b编5个结。按步骤**2**的要领用③b和④b各编1个结。第1行完成。

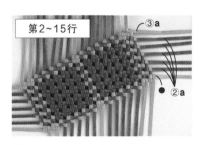

第2~15行

**4** 第2~6行用②a、第7行用③a各编15个结。

※所有编绳a折后使上方的编绳与前一行的a长度一致

》参照p.26"十字结的基础编法"步骤 10、11和p.27"编绳的折法"

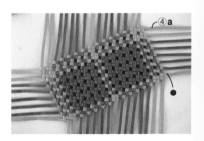

**5** 第8行用④a编15个结。

※折叠④a，使上方的编绳比前一行的a短6cm

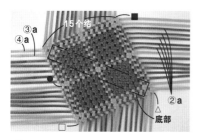

**6** 旋转180°。按步骤**4**的要领，第9~13行用②a、第14行用③a各编15个结。第15行按步骤**5**的要领用④a编15个结。包包的基础部分完成。

● 制作主体右部

**7** 对折。

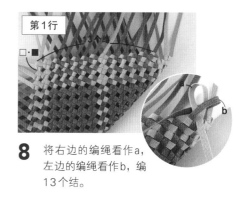

第1行

**8** 将右边的编绳看作a，左边的编绳看作b，编13个结。

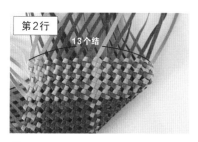

**9** 在第1行的上方编13个结。

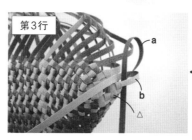

第3行

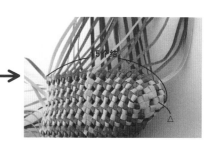

**10** 在第2行的上方编15个结。

第4行

**11** 在第3行的上方编15个结（编结起点在后侧）。

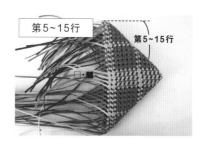

第5~15行

**12** 第5~14行各编15个结，第15行编14个结。主体右部完成。

● 制作主体左部

**13** 左右翻转，按步骤**8~12**的要领编15行。

● 收边

**14** 将突出边缘的编绳分别穿入右侧的2条编绳。

保留中间2条和侧边4条编绳，暂时不收边

※为了便于识别，图中除6条编绳以外均已做好收边

**15** 折后再次穿入第1条编绳，剪掉多余部分。

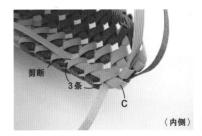

**16** 对侧边4条编绳进行收边。将A穿入右边的1条编绳。

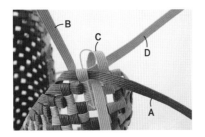

**17** 用C包住D。

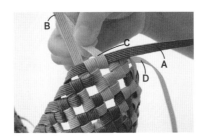

**18** 用C包住A和D。

**19** 将C穿入内侧3条编绳，剪掉多余部分。

**20** 将A折后穿入1条编绳，剪掉多余部分。

**21** 将D穿入2条编绳。

**22** 将D折后再次穿入第1条编绳。剪掉多余部分。

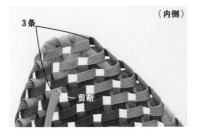

**23** 将B穿入内侧3条编绳，剪掉多余部分。另一侧的侧边也按步骤 **16~23** 的要领操作。

**24** 将中间向上突出的编绳穿入2条编绳。

**25** 折后再次穿入第1条编绳，剪掉多余部分。

**26** 将另一条向下的编绳插入内侧。

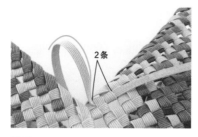

**27** 然后穿入外侧的2条编绳。

**28** 折后再次穿入第1条编绳，剪掉多余部分。另一侧也按相同要领操作。

● 安装提手

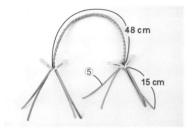

**29** 将4条⑤提手绳预留15cm后编48cm长的圆辫。

≫ 参照 p.73 "四股圆辫"

**30** 将提手绳一端的2条编绳分别从外侧穿至内侧。

**31** 将穿至内侧的2条编绳翻至外侧，将其中一条穿入环中，与另一条交叉。

**32** 将2条编绳再次穿入内侧。

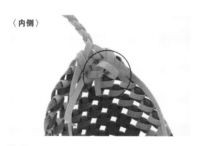

**33** 其中一条折后插入中间的1条编绳。

**34** 接着穿入下方的1条编绳，剪掉多余部分。另一条也按步骤**33**、**34**的要领操作。

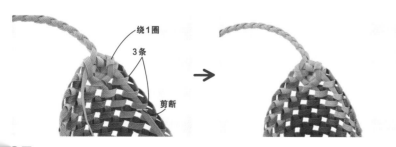

**35** 剩下的2条编绳先在环状部分绕1圈，再穿入包口的3条编绳，剪掉多余部分。

**36** 提手另一端也按步骤**30~35**的要领操作。完成。

# 反面编结的提篮 photo : p.9

## ◎ 材料

纸藤 30 m／卷（No.2／白色）…1卷
纸藤 5 m／卷（No.34／杏黄色）…2卷

## ◎ 准备编绳的宽度和条数

※除特别指定外，均为白色 ※①～③为编结绳

①a……………6股 160 cm × 7条
②b……………6股 138 cm × 11条
③a……………6股 220 cm × 7条（杏黄色）
④提手内侧绳……6股 60 cm × 2条
⑤提手外侧绳……6股 61 cm × 2条
⑥缠绕绳…………2股 470 cm × 1条

## ◎ 裁剪图　　多余部分 = ▨

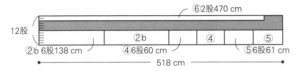

## ◎ 制作方法　※为了便于识别，改用不同颜色的编绳

### ● 对纸藤进行裁剪、分股

参照"裁剪图"，按指定长度对纸藤进
行裁剪和分股。

》参照 p.24 "纸藤的裁剪和分股"

### ● 制作底部　※除特别指定外，所有编绳均对折成V形后再编结

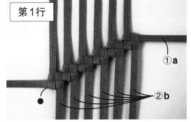

**1** 用①a和②b编中心的1个结，
再用②b编5个结。

》参照 p.26 "十字结的基础编法" 步
骤 1~9

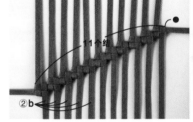

**2** 旋转180°，用②b编5个结。
第1行完成。

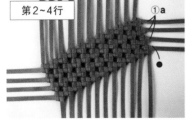

**3** 第2~4行用①a各编11个结。
※折叠①a，使上方的编绳与前一行
的a长度一致。

》参照 p.26 "十字结的基础编法" 步
骤 10、11 和 p.27 "编绳的折法"

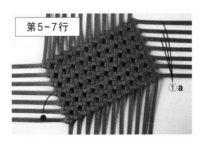

**4** 旋转180°，第5~7行用①a
各编11个结。底部完成。

※折叠①a，使上方的编绳与前一行
的a长度一致。

● **制作主体** ※第1行的编结起点参照p.31的步骤12、13

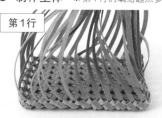

第1行

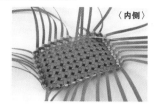

**编结时请注意！**

〈内侧〉

为了让反面的花样出现在外侧，正对内侧编结

第2~7行

**5** 用③a从长边的中心开始编结，编至编结起点前剩3个结。转角按p.31、32步骤**15~17**编结，编结终点的3个结按p.32步骤**19~23**的要领操作。
※折叠③a，使上方的编绳相当于前一行4个结的长度

**6** 第2~7行分别用③a编结。
※按p.25"错开编结起点位置"的要领操作
※第2行后面的转角按基础的编结方法进行编结，不会形成三角形空隙
※所有的编绳折叠后均使上方的编绳相当于前一行4个结的长度

● **收边**

〈外侧〉

跳过1条

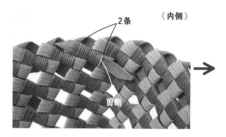

〈内侧〉

2条

剪断

**7** 将突出篮口边缘的编绳向外折，插入左边相邻的1条编绳。篮口1圈均按此要领操作。

**8** 向上折，跳过1条插入左边的编绳。

**9** 翻至内侧穿入2条编绳，剪掉多余部分。按步骤**7~9**的要领做完1圈。

④

★

中心

**10** 按p.30"方格图案的提篮"步骤**27~30**的要领折叠④提手内侧绳，将其两端从外侧穿入内侧后粘贴好。

⑤

7 cm

♥

7 cm

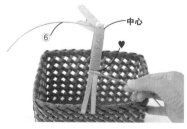

⑥

中心

★

**11** 按p.30"方格图案的提篮"步骤**31~33**的要领粘贴⑤提手外侧绳。

**12** 在⑤提手外侧绳的中心和中心两侧7 cm的位置做上记号。对齐2条提手绳后将♡~♥之间的部分粘贴在一起。

**13** 将⑥缠绕绳在提手中心对齐，不留空隙地缠至记号处。

**14** 接着在2根提手上交错缠绕，缠至提手根部。

**15** 缠绕结束时，穿入④提手内侧绳根部的环中，在⑥缠绕绳的反面涂上胶水，拉紧，然后剪掉多余部分。

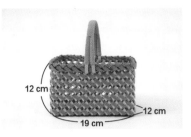

**16** 提手的另一半也按步骤**13~15**的要领操作。完成。

12 cm
19 cm
12 cm

---

# 粽形手拎包

photo : p.10

## ◎ 材料

纸藤30 m／卷（No.40／茶绿色）…1卷
纸藤30 m／卷（No.36／浅粉色）…1卷

## ◎ 准备编绳的宽度和条数

※①~④的宽度和条数与p.46"三角袋形单肩包"的①~④相同，不过将靛蓝色换成茶绿色，将白色换成浅粉色。
⑤提手绳……5股　180 cm×4条（浅粉色）
⑥缠绕绳……2股　80 cm×1条（浅粉色）

## ◎ 裁剪图

多余部分＝ ▨　※②a、b与p.46"三角袋形单肩包"相同，使用茶绿色纸藤

〔30 m／卷〕浅粉色

| | | |
|---|---|---|
| ①a 6股297 cm | ③a 6股284 cm | ③b 6股284 cm |
| ①b 6股297 cm | ③a | ③b |

12股
◀――――――――――― 865 cm ―――――――――――▶

| | | | |
|---|---|---|---|
| ④a 6股277 cm | ④b 6股277 cm | ⑤5股180 cm | ⑤ |
| ④a | ④b | | ⑤ |
| | | ⑥2股80 cm | |

12股
◀――――――――――― 914 cm ―――――――――――▶

## ◎ 制作方法　※为了便于识别，改用不同颜色的编绳

### ● 对纸藤进行裁剪、分股

参照"裁剪图"，按指定长度对纸藤进行裁剪和分股。
≫ 参照 p.24"纸藤的裁剪和分股"。

### ● 按p.46"三角袋形单肩包"步骤**1~28**的要领制作。手拎包的主体完成。

### ● 安装提手

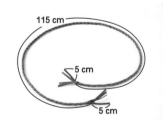

115 cm
5 cm
5 cm

**1** 将4条⑤提手绳均一端预留5 cm后编115 cm长的圆辫，再留5 cm长的绳尾后剪断。
≫ 参照 p.73"四股圆辫"

**2** 在留出的5 cm长的端绳上涂胶水，将4条编绳粘贴在一起。

**3** 斜着修剪两端。

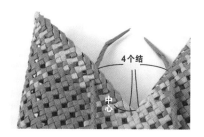
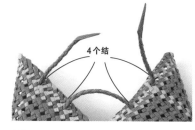

〈另一侧〉

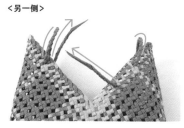

**4** 分别将提手绳的两端穿入内侧。

**5** 再穿至外侧。

**6** 将提手绳两端分别穿至对面的内侧（步骤**5**中对面的相同位置）。再将其中一端穿至外侧（步骤**4**中对面的相同位置）。

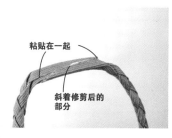
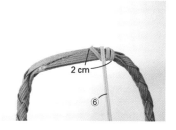

**7** 将步骤**6**中穿至外侧的那一端再穿至内侧（步骤**4**中对面的相同位置）。

**8** 在绳端的横截面上涂胶水，将两端粘贴在一起。

**9** 在⑥缠绕绳一端2 cm处涂上胶水，粘在步骤**8**中黏合部分的一端，接着朝另一端缠绕，注意不要留出空隙。

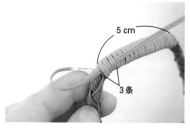

〈内侧〉

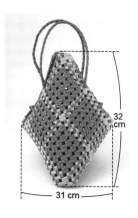

**10** 缠绕结束时，穿入3条编绳中，在⑥缠绕绳的反面涂上胶水后拉紧，再剪掉多余部分。

**11** 调整提手绳，使缠绕部分位于内侧。完成。

# 大容量购物篮

photo : p.12

## ◎ 材料

纸藤 30 m／卷（No.17／灰色）…2卷

## ◎ 准备编绳的宽度和条数 ※①～⑨为编结绳

| ① a | 4股 | 204 cm×11条 |
|---|---|---|
| ② b | 4股 | 188 cm×15条 |
| ③ a | 4股 | 224 cm×1条 |
| ④ b 插入绳 | 4股 | 144 cm×4条 |
| ⑤ a | 4股 | 240 cm×1条 |
| ⑥ a | 4股 | 256 cm×1条 |
| ⑦ b 插入绳 | 4股 | 128 cm×4条 |
| ⑧ a | 4股 | 272 cm×1条 |
| ⑨ a | 4股 | 288 cm×12条 |
| ⑩ 提手内侧绳 | 4股 | 70 cm×2条 |
| ⑪ 提手外侧绳 | 4股 | 71 cm×2条 |
| ⑫ 缠绕绳 | 2股 | 240 cm×2条 |

## ◎ 裁剪图

多余部分＝▨

〔30 m／卷〕×2 灰色

⑫2股240 cm

| 12股 | ①a 4股204 cm | ①a | ①a | ①a | ④b | ⑧a 4股272 cm |
|---|---|---|---|---|---|---|
| | ①a | ①a | ①a | | ④b | |
| | ①a | ①a | ①a | ④b 4股144 cm | ④b | ⑩ ⑪ |

⑩4股70 cm ⑪4股71 cm

— 1 242 cm —

| 12股 | ⑦b 4股128 cm | ⑦b | ⑨a 4股288 cm | ⑨a | ⑨a | ⑨a | ⑥a 4股256 cm |
|---|---|---|---|---|---|---|---|
| | ⑦b | | ⑨a | ⑨a | ⑨a | ⑨a | ⑤a 4股240 cm |
| | ⑦b | | ⑨a | ⑨a | ⑨a | ⑨a | ③a 4股224 cm |

— 1 664 cm —

| 12股 | ②b 4股188 cm | ②b | ②b | ②b | ②b |
|---|---|---|---|---|---|
| | ②b | ②b | ②b | ②b | ②b |
| | ②b | ②b | ②b | ②b | ②b |

— 940 cm —

## ◎ 制作方法 ※为了便于识别，改用不同颜色的编绳

### ● 对纸藤进行裁剪、分股

参照 "裁剪图"，按指定长度对纸藤进行裁剪和分股。

≫ 参照 p.24 "纸藤的裁剪和分股"

### ● 制作底部 ※除特别指定外，所有编绳均对折成V形后再编结

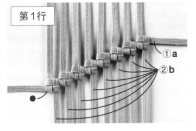

第1行

①a
②b

**1** 用①a和②b编中心的1个结。用②b编7个结。
≫参照 p.26 "十字结的基础编法" 步骤 1~9

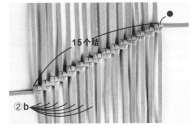

15个结
②b

**2** 旋转180°，接着用②b编7个结。第1行完成。

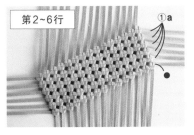

第2~6行

①a

**3** 第2~6行用①a各编15个结。
※折叠①a，使上方的编绳与前一行的a长度一致
≫参照 p.26 "十字结的基础编法" 步骤 10、11 和 p.27 "编绳的折法"

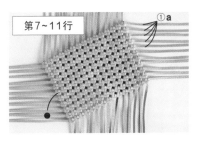

第7~11行

①a

**4** 旋转180°。第7~11行按步骤3的要领用①a各编15个结。底部完成。

### ● 制作主体 ※第1行的编结起点参照 p.31 的步骤 12、13

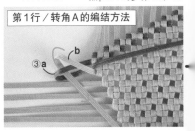

第1行／转角A的编结方法

b
③a

**5** 将底部延伸出的编绳看作b，夹住③a从长边的中心开始编结，编至转角前一个结。转角处翻折a，将1条b穿入a的环中编结。
※折叠③a，使上方的编绳相当于前一行4个结的长度
≫参照 p.27 "编绳的折法"

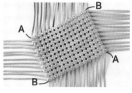

**转角的编结方法**

转角A按步骤**5**的要领编结，转角B按p.31、32步骤**15~17**的要领编结。

**6** 编至编结起点前剩3个结，按p.32步骤**19~23**的要领操作。

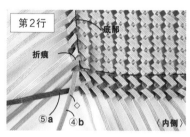

第2行
底部
折痕
⑤a ◇ ④b
〈内侧〉

**7** 用⑤a编至转角前一个结。将④b插入绳对折成V形，穿入短边第1行内侧一端的结里。
※折叠⑤a，使上方的编绳相当于前一行4个结的长度
※按p.25"错开编结起点位置"的要领操作

**8** 将④b插入绳的其中1条（◇）翻至外侧，作为编绳b编1个结。
※④b插入绳的另一条编绳保留备用
※第2行后面的转角按基础的编结方法进行编结，不会形成三角形空隙

**9** 剩下的3个转角也按步骤**7**、**8**的要领加入④b插入绳编结，共加4个结。

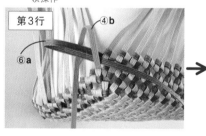

第3行
④b
⑥a

→

**10** 用⑥a编结。转角处步骤**8**留下的④b插入绳也作为编绳b编结（共加4个结）。
※折叠⑥a，使上方的编绳相当于前一行4个结的长度

a b

→

**11** 转角A的位置按步骤**5**的要领操作，折叠a，并将1条b穿入a的环中编结。

〈转角A的内侧〉

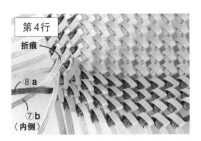

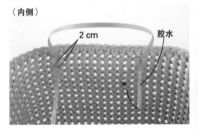

**12** 用⑧a编至转角前一个结。将⑦b插入绳对折成V形，穿入短边第3行内侧一端的结里。按步骤**8~11**的要领操作。

※折叠⑧a，使上方的编绳相当于前一行4个结的长度

**13** 剩下的3个转角也按步骤**12**的要领加入⑦b插入绳编结，共加4个结。

● 收边

**14** 用⑨a编结。转角处步骤**12**留下的⑦b插入绳也作为编绳b编结（共加4个结）。

※折叠⑨a，使上方的编绳相当于前一行4个结的长度

**15** 第6~16行分别用⑨a编结。

※所有的⑨a折后使上方的编绳相当于前一行4个结的长度

**16** 按p.41"迷你购物篮"步骤**12~19**的要领操作。

● 安装提手

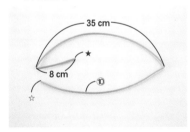

**17** 将⑩提手内侧绳折2次。

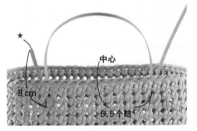

**18** 将两端从内侧穿至外侧，间隔1行再穿至内侧。

〈内侧〉

**19** 折痕处留出2 cm，在两端的反面涂上胶水。

〈内侧〉

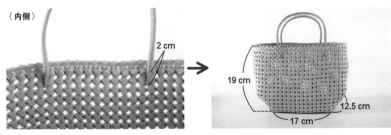

**20** 按p.30"方格图案的提篮"步骤**30~36**的要领粘贴⑪提手外侧绳，用⑫缠绕绳缠至距提手根部2 cm的位置。完成。

※将⑪提手外侧绳的绳端折叠8 cm

# 水果篮子  photo：p.17

## ◎ 材料

纸藤 30 m／卷（No.34／杏黄色）…1卷
纸藤 5 m／卷（No.34／杏黄色）…2卷
纸藤 30 m／卷（No.44／漆黑色）…1卷

## ◎ 准备编绳的宽度和条数  ※①～⑧、⑬～⑳为编结绳

**主体／全部为杏黄色**

| ① | a | 6股 | 232 cm × 1条 |
| ② | a | 6股 | 224 cm × 2条 |
| ③ | a | 6股 | 208 cm × 2条 |
| ④ | b、c | 6股 | 200 cm × 各5条 |
| ⑤ | b、c | 6股 | 192 cm × 各2条 |
| ⑥ | b、c | 6股 | 184 cm × 各2条 |
| ⑦ | a | 6股 | 240 cm × 8条 |
| ⑧ | b 插入绳 | 6股 | 80 cm × 6条 |
| ⑨ | 提手内侧绳 | 5股 | 70 cm × 2条 |
| ⑩ | 提手外侧绳 | 5股 | 71 cm × 2条 |
| ⑪ | 缠绕绳 | 2股 | 290 cm × 2条 |
| ⑫ | 编环用绳 | 3股 | 15 cm × 8条 |

**盖子／全部为漆黑色**

| ⑬ | a | 5股 | 98 cm × 1条 |
| ⑭ | a | 5股 | 91 cm × 2条 |
| ⑮ | a | 5股 | 85 cm × 2条 |
| ⑯ | a | 5股 | 78 cm × 2条 |
| ⑰ | b、c | 5股 | 72 cm × 各5条 |
| ⑱ | b、c | 5股 | 65 cm × 各2条 |
| ⑲ | b、c | 5股 | 59 cm × 各2条 |
| ⑳ | b、c | 5股 | 52 cm × 各2条 |
| ㉑ | 边缘装饰绳 | 3股 | 280 cm × 2条 |
| ㉒ | 盘扣用绳 | 4股 | 30 cm × 3条 |
| ㉓ | 盘扣固定用绳 | 2股 | 30 cm × 1条 |
| ㉔ | 盖子固定用绳 | 3股 | 30 cm × 2条 |
| ㉕ | 纽襻用绳 | 2股 | 50 cm × 1条 |

## ◎ 裁剪图  多余部分＝ ▧

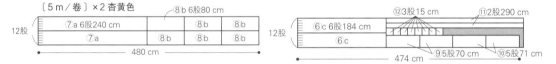

〔30 m／卷〕杏黄色
12股｜①a 6股232 cm｜②a 6股224 cm｜③a 6股208 cm｜④b 6股200 cm｜④b
②a｜③a｜④b｜④b
└─────── 1 064 cm ───────┘

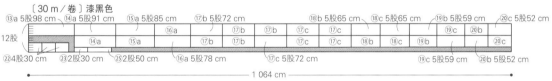

12股｜④b 6股200 cm｜④c｜④c｜⑤b 6股192 cm｜⑤c 6股192 cm｜⑥b 6股184 cm
④c 6股200 cm｜④c｜④c｜⑤b｜⑤c｜⑥b
└─────── 1 168 cm ───────┘

12股｜⑦a 6股240 cm｜⑦a｜⑦a
⑦a｜⑦a｜⑦a
└─── 720 cm ───┘

〔5 m／卷〕×2 杏黄色
12股｜⑦a 6股240 cm｜⑧b 6股80 cm｜⑧b｜⑧b
⑦a｜⑧b｜⑧b｜⑧b
└─── 480 cm ───┘

⑫3股15 cm ⑪2股290 cm
12股｜⑥c 6股184 cm｜
⑥c｜⑨5股70 cm｜⑩5股71 cm
└─── 474 cm ───┘

〔30 m／卷〕漆黑色
⑬a 5股98 cm ⑭a 5股91 cm ⑮a 5股85 cm ⑰b 5股72 cm ⑱b 5股65 cm ⑱c 5股65 cm ⑲b 5股59 cm ⑳c 5股52 cm
12股｜⑯a｜⑰b｜⑰b｜⑰c｜⑰c｜⑲c｜⑳b｜
⑭a｜⑮a｜⑰b｜⑰b｜⑰c｜⑰c｜⑱b｜⑱c｜⑲b｜⑳c
㉒4股30 cm ㉓2股30 cm ㉕2股50 cm ⑯a 5股78 cm ⑰c 5股72 cm ⑲c 5股59 cm ⑳b 5股52 cm
└─────── 1 064 cm ───────┘

㉑3股280 cm
12股｜
㉔3股30 cm
└─── 280 cm ───┘

## ◎ 制作方法  ※为了便于识别，改用不同颜色的编绳

### ● 对纸藤进行裁剪、分股

参照"裁剪图"，按指定长度对纸藤进
行裁剪和分股。
≫参照p.24"纸藤的裁剪和分股"

### ● 制作底部  ※除特别指定外，所有编绳均对折成V形后再编结

第1行

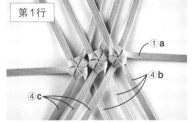

**1** 用①a和④b、c编中心的1个结。
接着用④b、c编2个结。
≫参照p.28"花结的基础编法"步骤
1～9

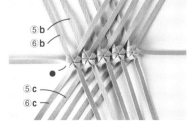

**2** 用⑤b、c编1个结，用⑥b、c
编1个结。
※折叠⑤b和⑥b，使上方的编绳与前
一个结的b长度一致；折叠⑤c和⑥c，
使上方的编绳比前一个结的c短8 cm。
≫参照p.29"编绳的折法"

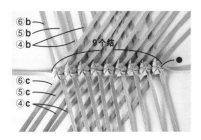

**3** 旋转180°。按步骤 **1**、**2** 的要领，用④b、c编2个结，用⑤b、c编1个结，用⑥b、c编1个结。第1行完成。

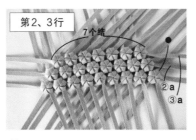

**4** 第2行用②a编8个结，第3行用③a编7个结。
※折叠②a、③a，使上方的编绳与前一行的a长度一致
≫参照p.28 "花结的基础编法" 步骤 10~12

**5** 旋转180°，第4行用②a编8个结，第5行用③a编7个结。底部完成。

● 制作主体

**6** 用⑦a从长边开始编结，在6个转角均加入⑧b插入绳编结。接着用⑦a编结，转角不再加结，一共编8行。
※折叠⑦a，使上方的编绳相当于前一行4个结的长度
≫参照p.29 "编绳的折法" 和 p.34 "基础款花结提篮" 步骤 **11~22**

● 收边

**7** 将编绳c绕过右边相邻的编绳，翻至内侧。

**8** 穿入内侧的1条编绳。

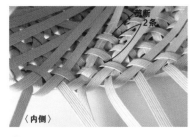

**9** 折后再次穿入步骤 **8** 的1条编绳。接着向下穿入2条编绳，剪掉多余部分。

● 制作提手

**10** 将编绳b穿入内侧左边相邻的1条编绳，然后穿至外侧。

**11** 穿入外侧的2条编绳，剪掉多余部分。

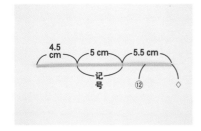

**12** 在8条⑫编环用绳上做好记号。

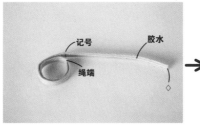

**13** 在⑫编环用绳的一面涂上胶水，对齐记号和绳端卷成3层的环，1个环就完成了。制作4个环。

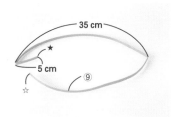

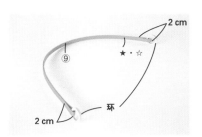

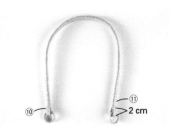

**14** 将⑨提手内侧绳折2次。

**15** 用⑨提手内侧绳穿入步骤**13**中完成的2个环。在两端折痕处分别留出2cm，反面涂上胶水后粘好。

**16** 粘贴⑩提手外侧绳，用⑪缠绕绳缠至距末端2cm的位置。
※参照p.30"方格图案的提篮"步骤31~35

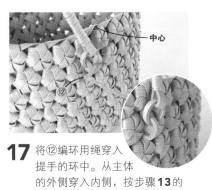

**17** 将⑫编环用绳穿入提手的环中。从主体的外侧穿入内侧，按步骤**13**的要领操作。

**18** 提手的另一端也按步骤**17**的要领操作。

**19** 另一根提手按步骤**14**~**18**的要领操作。

● 制作盖子

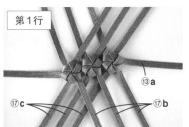

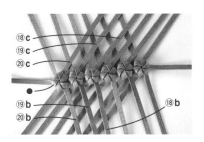

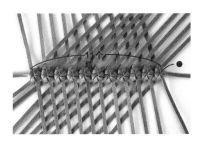

**20** 用⑬a和⑰b、c编中心的1个结。接着用⑰b、c编2个结。

**21** 用⑱b、c编1个结，用⑲b、c编1个结，用⑳b、c编1个结。
※折叠⑱b、⑲b、⑳b，使上方的编绳与前一个结的b长度一致；折叠⑱c、⑲c、⑳c，使上方的编绳比前一个结的c短7cm

**22** 旋转180°。按步骤**20**、**21**的要领，用⑰b、c编2个结，用⑱b、c编1个结，用⑲b、c编1个结，用⑳b、c编1个结。第1行完成。

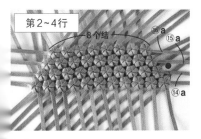

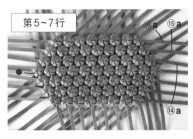

**23** 第2行用⑭a编10个结，第3行用⑮a编9个结，第4行用⑯a编8个结。

**24** 旋转180°。第5行用⑭a编10个结，第6行用⑮a编9个结，第7行用⑯a编8个结。

**25** 将四周的编绳插入反面的3条编绳，剪掉多余部分。
≫参照p.34"基础款花结提篮"步骤**24**、**25**

● 编织盖子的饰边

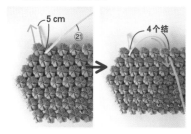

**26** 接下来编织盖子的饰边。将㉑边缘装饰绳从边缘处花结的正面穿至反面，拉出5 cm长的绳端。往前跳过4个花结将装饰绳从反面穿至正面。

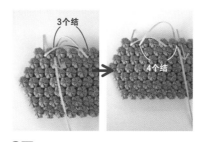

**27** 往回跳过3个花结，将装饰绳从反面穿至正面。再往前跳过4个花结将装饰绳从反面穿至正面。

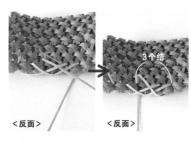

**28** 将装饰绳穿入反面斜向排列的从右数第2条装饰绳的下方，往回跳过3个花结，穿至正面。

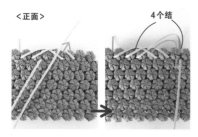

**29** 将装饰绳穿入斜向排列的从右数第2条装饰绳的下方，往前跳过4个花结，从反面穿至正面。

**30** 重复步骤**28**、**29**，在转角处相同位置穿2次。

**31** 将装饰绳穿入反面斜向排列的从右数第2条编绳的下方，往回跳过2个花结，穿至正面。将装饰绳穿入从右数第2条编绳的下方，往前跳过3个花结，穿至正面。

**32** 按步骤**28**~**31**的要领，编至编织起点附近。将预留的5 cm长的绳端翻至外侧，用晾晒夹固定好。

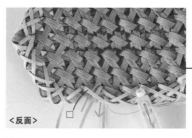

**33** 按步骤**28**、**29**的要领编至编织起点前，将装饰绳穿入反面编织起点的斜向编绳（□）的下方，再穿至正面。

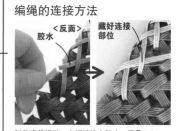

**编绳的连接方法**

胶水　＜反面＞　藏好连接部位

斜着修剪绳端，在绳端涂上胶水，重叠1.5 cm粘贴好。将连接部位藏在装饰绳的下方会更加整洁漂亮。

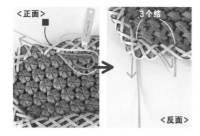

**34** 将装饰绳穿入正面编织起点的斜向编绳（■）的下方，再穿入反面的斜向编绳下方，往回跳过3个花结穿至正面。

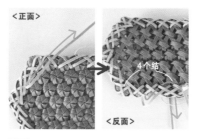

**35** 将装饰绳穿入斜向排列的从右数第2条编绳的下方，然后穿入反面的编绳下方，往前跳过4个花结，穿至正面。

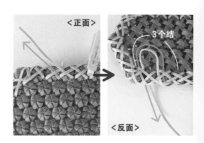

**36** 穿入正面的斜向编绳下方。接着穿入反面的斜向编绳下方，往回跳过3个花结穿至正面。

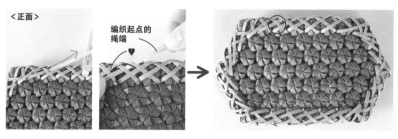

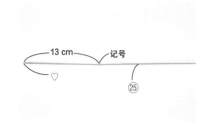

● 安装盘扣

**37** 穿入正面的斜向编绳下方后拉紧，使其与上方的编绳（♥）基本呈平行状，剪断，涂上胶水。与编织起点的绳端粘贴好。

剪掉多余部分。

**38** 在㉕纽襻用绳上做好记号。

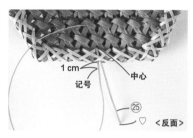

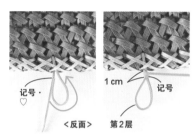

**39** 将㉕纽襻用绳穿入盖子的结与结之间的空隙，夹住盖子边缘。

**40** 对齐记号和绳端（♡），粘贴好。用另一条绳重叠粘贴1圈。将多余的编绳紧贴盖子边缘缠绕1cm，注意不要留出空隙。

**41** 在贴近缠绕部分的编绳上涂胶水，穿入缠绕部分的2条编绳，拉紧，剪掉多余部分。

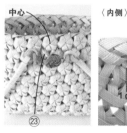

● 安装盖子

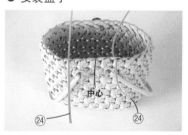

**42** 用3条㉒盘扣用绳制作盘扣，再穿上㉓盘扣固定用绳。
≫盘扣的制作方法参照p.74"开满小花的手拿包"步骤16~22

**43** 将㉓盘扣固定用绳穿入篮子主体，在内侧打死结。留出1cm，剪掉多余部分，在绳结上涂上胶水。

**44** 在盘扣对面一侧的篮口下方穿入2条㉔盖子固定用绳。

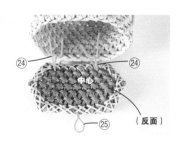

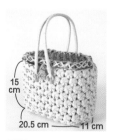

**15** 接着将㉔盖子固定用绳穿入盖子上纽襻对面的那一边。穿回主体后，再次穿入盖子。

**46** 打死结。将绳端穿入内侧的1条编绳，剪掉多余部分。
※开合盖子，调整打结位置后再打结

**47** 完成。

61

# 郊游提篮 ［photo : p.13］

## ◎ 材料

纸藤 30 m／卷（No.1A／原木色）…2卷
纸藤 5 m／卷（No.1A／原木色）…1卷
纸藤 30 m／卷（No.28／红色B）…1卷

## ◎ 准备编绳的宽度和条数

※除特别指定外，均为红色B ※①~⑥为编结绳

① a……… 12股　305 cm×5条（原木色）
② a……… 12股　305 cm×2条
③ b……… 12股　270 cm×9条（原木色）
④ b……… 12股　270 cm×1条
⑤ a……… 12股　380 cm×6条（原木色）
⑥ a……… 12股　380 cm×1条
⑦提手内侧绳…12股　240 cm×1条
⑧提手外侧绳…12股　36 cm×4条
⑨缠绕绳………2股　540 cm×2条

## ◎ 裁剪图

多余部分＝ ▨

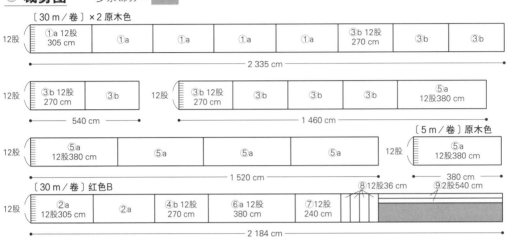

## ◎ 制作方法 ※为了便于识别，改用不同颜色的编绳

### ● 对纸藤进行裁剪、分股

参照"裁剪图"，按指定长度对纸藤进行裁剪和分股。
》参照 p.24 "纸藤的裁剪和分股"

### ● 制作底部　※除特别指定外，所有编绳均对折成V形后再编结

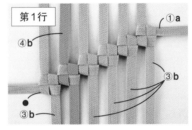

**1** 用①a和③b编中心的1个结。接着用③b编3个结，用④b编1个结，再用③b编1个结。
》参照 p.26 "十字结的基础编法" 步骤 1~9

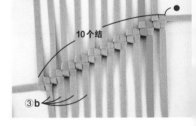

**2** 旋转180°，用③b编4个结。第1行完成。

### ● 制作主体　※第1行的编结起点参照 p.31 的步骤 **12、13**

第1行

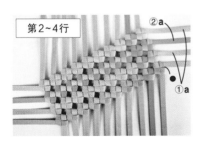

**3** 第2行用①a、第3行用②a、第4行用①a各编10个结。
※所有的编绳折后使上方的编绳与前一行的a长度一致
》参照 p.26 "十字结的基础编法" 步骤 **10、11** 和 p.27 "编绳的折法"

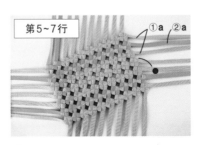

**4** 旋转180°。按步骤**3**的要领，第5行用①a、第6行用②a、第7行用①a各编10个结。底部完成。

**5** 将底部延伸出的编绳看作b，夹住⑤a编至编结起点前剩3个结。转角按 p.31、32 步骤 **15~17** 的要领编结，编结终点的3个结按 p.32 步骤 **19~23** 的要领操作。
※折叠⑤a，使上方的编绳相当于前一行4个结的长度

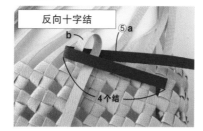

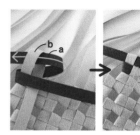

● 收边

反向十字结

⑤a

b

4个结

b a

**6** 按步骤 **5**的要领，用⑥a编1行，再用⑤a编4行。主体完成。

※折叠编绳，使上方的编绳相当于前一行4个结的长度

※第2行后面的转角按基础的编结方法进行编结，不会形成三角形空隙

※按p.25 "错开编结起点位置"的要领操作

**7** 取1条新的⑤a，折后使上方的编绳相当于第6行4个结的长度。将b轻轻地向下折，套入⑤a。

**8** 将a下方的编绳从b的环中穿过，再在穿a时形成的环中穿入b，收紧。

小建议

编反向十字结时，看着内侧，一边压出折痕一边编结，会比较容易操作。

〈内侧〉 翻折

1条

b

〈内侧〉

**9** 重复步骤**7**、**8**，编1圈，编至编结起点前剩3个结。按p.32步骤 **19~23**的要领操作。

**10** 将b穿入内侧（第5行）的1条编绳。

〈内侧〉

**11** 折后再次穿入步骤**10**的编绳中，然后穿入其下方的1条编绳，剪掉多余部分。

● 安装提手

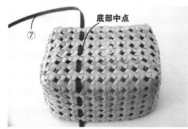

⑦

底部中点

**12** 将⑦提手内侧绳从底部中点隔行穿至篮口。

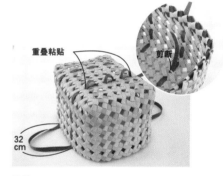

重叠粘贴

剪断

32 cm

**13** 绕篮底和两侧穿绳，两侧分别留出长32 cm的提手。在底部涂上胶水重叠粘贴。剪掉内侧的多余部分。

⑧

**14** 在提手外侧重叠粘贴2条⑧提手外侧绳。

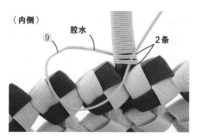

〈内侧〉

⑨

胶水

2条

**15** 按p.30 "方格图案的提篮"步骤**34**、**35**的要领，缠上⑨缠绕绳。缠绕结束时穿入内侧的2条绳中，在缠绕绳的反面涂上胶水后拉紧，再剪掉多余部分。

20 cm

32 cm

23 cm

**16** 提手的另一半也按步骤**15**的要领操作。另一侧的提手按步骤 **15**、**16**的要领操作。完成。

63

# 雪花提篮  `photo : p.15`

## ◎ 材料

纸藤 30 m／卷
（No.43／珍珠白色）…1卷
纸藤 30 m／卷
（No.35／海蓝色）…1卷

## ◎ 准备编绳的宽度和条数

※除特别指定外，均为珍珠白色 ※①～⑤为编结绳

①a、b、c…6股　148 cm×各2条
②a、b、c…6股　140 cm×各4条（海蓝色）
③a、b、c…6股　132 cm×各4条（海蓝色）
④a、b、c…6股　122 cm×各4条
⑤a、b、c…6股　116 cm×各4条（海蓝色）

⑥提手内侧绳…6股　67 cm×1条
⑦提手外侧绳…6股　68 cm×1条
⑧提手加固绳…4股　69 cm×1条
⑨缠绕绳………2股　300 cm×1条

## ◎ 裁剪图　　　多余部分 = ▨

〔30 m／卷〕珍珠白色

| 12股 | ①a 6股148 cm | ①b 6股148 cm | ①c 6股148 cm | ④a 6股122 cm | ④b 6股122 cm | ④c 6股122 cm | ⑥ 6股 67 cm |
|---|---|---|---|---|---|---|---|
| | | | | | ④a | ④b | ④c |
| | ①a | ①b | ①c | ④a | ④a | ④b | ④b | ④c | ④c |

— 1 544 cm —
⑦6股68 cm　⑨2股30

〔30 m／卷〕海蓝色

| 12股 | ②a 6股140 cm | ②b 6股140 cm | ②c 6股140 cm | ⑤a 6股116 cm |
|---|---|---|---|---|
| | | ②a | ②b | | ②c | | ⑤a |
| | ②a | ②a | ②b | ②b | ②c | ②c | ⑤a | ⑤a |

— 1 072 cm —

| 12股 | ⑤b 6股116 cm | ⑤c 6股116 cm | ③a 6股132 cm | ③b 6股132 cm | ③c 6股132 cm |
|---|---|---|---|---|---|
| | ⑤b | ⑤c | ③a | ③b | ③c |
| | ⑤b | ⑤b | ⑤c | ⑤c | ③a | ③a | ③b | ③b | ③c | ③c |

— 1 256 cm —

## ◎ 制作方法　※为了便于识别，改用不同颜色的编绳

### ● 对纸藤进行裁剪、分股

参照"裁剪图"，按指定长度对纸藤进行裁剪和分股。

≫参照 p.24 "纸藤的裁剪和分股"

### ● 制作前侧、后侧　※除特别指定外，所有编绳均对折成V形后再编结

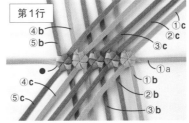

**1** 用①a、b、c编中心的1个结。
接着用②b、c，③b、c，④b、c，⑤b、c各编1个结。
※折叠②c、③c、④c、⑤c，使上方的编绳比前一个结的c短8 cm
≫参照 p.28 "花结的基础编法"步骤 1~9

**2** 旋转180°。按步骤 **1** 的要领，用②b、c，③b、c，④b、c，⑤b、c各编1个结。第1行完成。

### ● 制作侧边

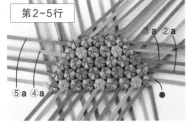

**3** 第2行用②a编8个结，第3行用③a编7个结，第4行用④a编6个结，第5行用⑤a编5个结。
※所有的编绳折后使上方的编绳与前一行的a长度一致
≫参照 p.28 "花结的基础编法"步骤 10~12

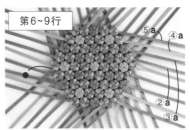

**4** 旋转180°。第6行用②a编8个结，第7行用③a编7个结，第8行用④a编6个结，第9行用⑤a编5个结，一个侧面完成。
按相同要领再编1个侧面。
※所有的编绳折后使上方的编绳与前一行的a长度一致

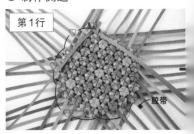

**5** 调整方向，使其中1个转角朝上，在1个转角的边上贴上胶带作为记号。在4条边（♡）上各编4个十字结。
≫参照 p.26 "十字结的基础编法"步骤 1~9

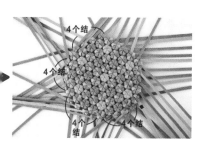

※ 为了便于识别，图中将侧面摊平了。实际操作时侧边呈立起状态

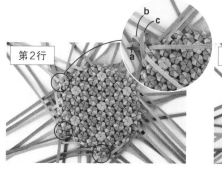

**6** 在3个转角处各编1个花结。

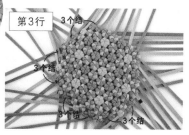

第3行

**7** 在4条边（♡）上各编3个十字结。

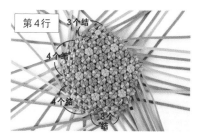

第4行

**8** 如图所示，在步骤**7**中完成的4条边上编十字结。

第5行

**9** 在步骤**6**的3个转角处各编1个花结。

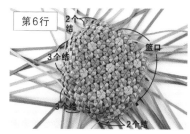

第6行

**10** 跳过第5行的花结，如图所示在4条边（♡）上编十字结，前侧（A）的侧边完成。再按步骤**5~8**的要领编后侧（B）的侧边。

● 接合前侧、后侧

〈内侧〉

**11** 接下来对篮口的一部分（两端是花结的2条边）进行收边。将一个方向的编绳穿入内侧的3条编绳中，剪掉多余部分。

**小建议**

穿入编绳时，夹入1股宽的编绳后再拉动，可以避免拉得太靠内侧，完成后会更漂亮。

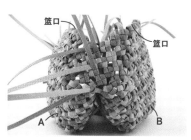

〈内侧〉

**12** 将另一个方向的编绳也插入3条编绳后剪掉多余部分。另一个侧面也按相同要领操作。

**13** 将前侧（A）和后侧（B）正面朝外，对齐篮口部分。将A的编绳翻至内侧，B的编绳翻至外侧。

**14** 对除篮口和侧边上端以外的4条边逐一进行收边。将B花结上的编绳穿入A的2条编绳中，将B十字结上横向延伸出来的编绳穿入A的1条编绳中。

侧边上端A和B两面各剩下3条编绳。

**15** 将B十字结上纵向延伸出来的2条编绳分别从上方的1条编绳中穿出。

**16** 将步骤**14**中穿入A的横向编绳折后穿入内侧，再穿至外侧。

**17** 穿入2条编绳，剪掉多余部分。

**18** 将步骤**14**中穿入A上花结的编绳穿入内侧，再穿至外侧。

**19** 穿入3条编绳，剪掉多余部分。

**20** 将步骤**15**中纵向延伸出的编绳穿入内侧，再穿至外侧。

**21** 穿入2条编绳，剪掉多余部分。

**22** 将花结上剩下的编绳穿入内侧，再穿至外侧。

**23** 穿入4条编绳，剪掉多余部分。

**24** 将花结下面的十字结上的纵向编绳从花结的2条编绳中穿出。

**25** 从花结上的空隙中穿入内侧，再穿至外侧。

**26** 穿入花结的2条编绳和十字结的1条编绳，剪掉多余部分。

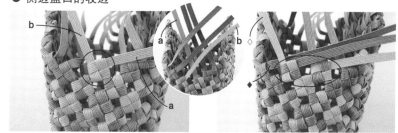

● 侧边篮口的收边

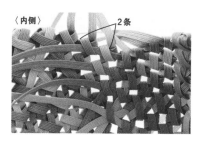

〈内侧〉 2条

**27** 1条边完成后，将内侧的编绳穿入边上的2条编绳中，剪掉多余部分。按步骤**14~27**的要领，除篮口和侧边上端以外的3条边（♡）也做好收边。

b

a a

b ◇

◆

**28** 用步骤**14**中剩下的侧边中间的2条编绳（a和b）编1个十字结。

**29** 在其上方再编2个十字结。

◇
◆

**30** 将左端向上延伸的编绳（◇）在从左向右延伸的编绳（◆）上绕1圈。

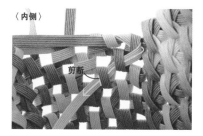

〈内侧〉 剪断

**31** 穿入篮口内侧的1条编绳，折后穿入下方的2条编绳，剪掉多余部分。参照步骤**30**、**31**，将向上延伸的编绳在向右延伸的编绳上绕2圈（右端为1圈）。

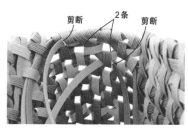

剪断 2条 剪断

**32** 仅在侧边篮口缠绕1圈，插入内侧的2条编绳。分别剪掉多余部分。

● 安装提手

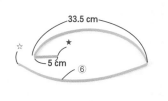

33.5 cm
☆ ★
5 cm ⑥

**33** 将⑥提手内侧绳折2次。

⑥
★ ☆

**34** 将两端从侧边中心的外侧穿至内侧。

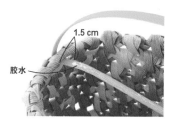

1.5 cm
胶水

**35** 按p.30"方格图案的提篮"步骤**29~33**的要领操作。折痕处留出1.5 cm，在两端的反面涂上胶水。

⑦
⑧

**36** 将⑧提手加固绳粘贴在⑦提手外侧绳的中间。

18.5 cm 7 cm

**37** 按p.30"方格图案的提篮"步骤**34~36**的要领，缠上⑨缠绕绳。完成。

# 网状提篮 　photo : p.19

## ◎ 材料

纸藤 30 m／卷（ K2008_30／深蓝色）…1卷

## ◎ 准备编绳的宽度和条数　※①~⑩为编结绳

| | | | |
|---|---|---|---|
| ①a | 2股 | 171 cm × 1条 |
| ②a | 2股 | 165 cm × 2条 |
| ③b、c | 2股 | 138 cm × 各7条 |
| ④b、c | 2股 | 132 cm × 各2条 |
| ⑤a | 2股 | 154 cm × 4条 |
| ⑥b 插入绳 | 2股 | 61 cm × 6条 |
| ⑦a | 2股 | 72 cm × 2条 |
| ⑧a | 2股 | 66 cm × 2条 |
| ⑨a | 2股 | 61 cm × 2条 |
| ⑩a | 2股 | 55 cm × 2条 |
| ⑪边缘篮口绳 | 6股 | 16 cm × 6条 |
| ⑫边缘侧边绳 | 6股 | 40 cm × 2条 |
| ⑬边缘外侧绳 | 6股 | 130 cm × 1条 |
| ⑭提手中心绳 | 6股 | 26 cm × 2条 |
| ⑮边缘内侧绳 | 6股 | 129 cm × 1条 |
| ⑯缠绕绳 | 2股 | 450 cm × 2条 |

※制作短尺用绳…全部裁剪成10 cm长，股3条，8股、6股、2股各1条

## ◎ 裁剪图　多余部分 = ▨　※不含短尺用绳

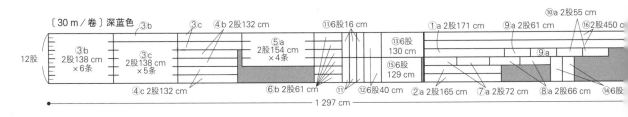

## ◎ 制作方法　※为了便于识别，改用不同颜色的编绳

### ● 对纸藤进行裁剪、分股

参照"裁剪图"，按指定长度对纸藤进行裁剪和分股。

≫参照p.24"纸藤的裁剪和分股"

### ● 制作底部　※除特别指定外，所有编绳均对折成V形后再编结

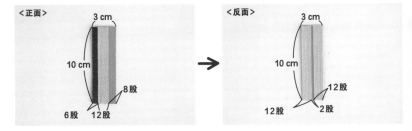

**1** 制作短尺。正反各粘3条，共6条。
※如果粘贴后的宽度不是3 cm，请加减编绳至3 cm宽

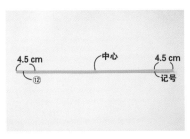

**2** 在⑫边缘侧边绳的中心和距两端4.5 cm的位置做上记号。

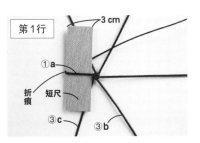

**3** 用①a和③b、c编中心的1个结。在①a的左侧夹入短尺，将①a折出折痕。

≫参照p.28"花结的基础编法"步骤1~5

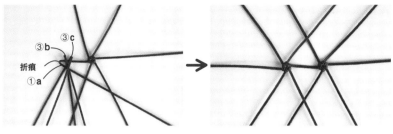
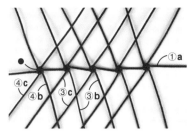

**4** 在折痕位置用③b、c编第2个结。
≫参照p.28"花结的基础编法"步骤
6~9和p.29"编绳的折法"

**5** 用③b、c编2个结，用④b、c
编1个结，按步骤**3、4**的要领
用短尺将①a折出折痕后再编结。
※ 折叠④b，使上方的编绳与前一个
结的b长度一致；折叠④c，使上方的
编绳比前一个结的c短6cm

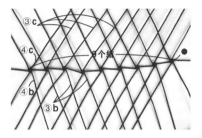

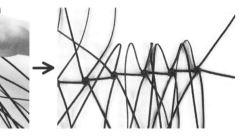

**6** 旋转180°。用③b、c编3个结，
用④b、c编1个结，按步骤**3**的
要领用短尺折出折痕后再编结。
第1行完成。
※ 按步骤**5**的要领折叠④b、c

**7** 用短尺在所有b、c（除两端外）
上折出折痕。

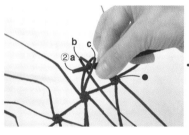

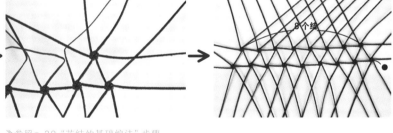

**8** 用②a在折痕位置编8个结。每
编1个结都用短尺在②a上折出
折痕后再编结。
※ 折叠②a，使上方的编绳与前一行
的a长度一致

≫参照p.28"花结的基础编法"步骤
10~12

● 制作主体

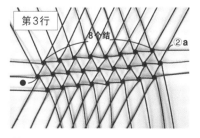

**9** 旋转180°，按步骤**7、8**的要
领用②a编8个结。底部完成。

**10** 用短尺在b、c上折出折痕。

**11** 折叠⑤a，使上方的编绳相当于
前一行3个结的长度。
≫参照p.29"编绳的折法"

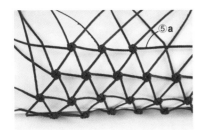

**12** 将底部延伸出的编绳看作b、c，夹住⑤a编至转角前一个结。

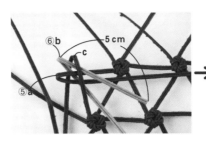

**13** 折叠⑥b插入绳，使上方的编绳长5 cm，将其看作编绳b编1个结。

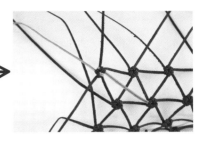

〈内侧〉

**14** 将⑥b插入绳较短的一根翻至内侧，穿入1条编绳。

※给下一行编结时，将短绳一起包在里面编结

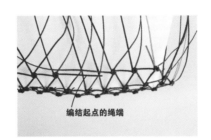

编结起点的绳端

**15** 剩下的5个角也按步骤**13**、**14**的要领加入⑥b插入绳编结，编至编结起点前剩2个结。

编结起点的绳端

**16** 将预留的编结起点处的绳端包在里面编2个结。

2条
2条

**17** 将绳端穿入编结起点花结的2条编绳后穿至内侧，再穿至外侧，穿入2条编绳，剪掉多余部分。

剪断

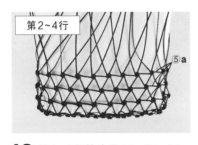

第2~4行

**18** 第2~4行按步骤**10~12**、**16**、**17**的要领用⑤a编3行。

※按p.25"错开编结起点位置"的要领操作

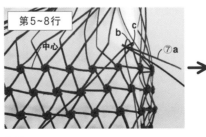

第5~8行
中心

**19** 编第5行时，折叠⑦a，使上方的编绳长12 cm，编9个结。

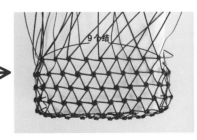

9个结

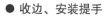

## ● 收边、安装提手

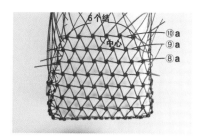

**20** 按步骤**19**的要领，第6行用⑧a编8个结，第7行用⑨a编7个结，第8行用⑩a编6个结。另一侧也按步骤**19**、**20**的要领操作。

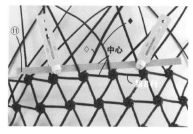

**21** 在⑪边缘篮口绳的中心做上记号。对齐⑪和篮口的中心，用晾晒夹固定好。

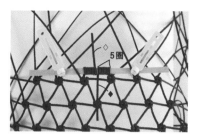

**22** 将突出篮口的编绳（◇·◆）各绕⑪缠5圈，注意不要重叠。

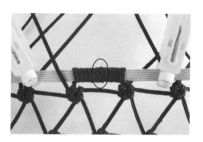

**23** 斜向修剪后粘贴在一起。

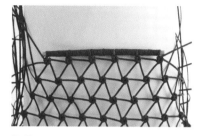

**24** 按步骤**22**、**23**的要领将其余编绳一一缠好。

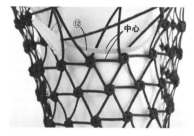

**25** 对齐⑫边缘侧边绳和提篮侧边的中心。

**26** 将步骤**2**中所做的记号和侧边的两端对齐。按步骤**22**、**23**的要领，将侧边中心两侧的编绳各绕⑫缠5圈，两侧相邻的编绳（♡·♥）各绕⑫缠7圈。

**27** 按步骤**22**、**23**的要领用编绳各绕⑫缠5圈，缠至记号处。分别将绳端斜向修剪后粘贴好。

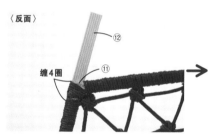

**28** 粘贴⑪和⑫的重叠部分。用剩下的编绳绕重叠部分缠4圈后剪掉多余部分，粘贴在反面。另一侧也按步骤**21**~**28**的要领操作。

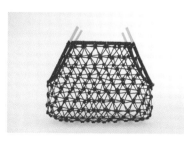

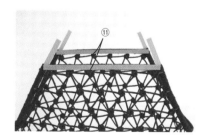

**29** 将⑪边缘篮口绳分别粘贴在篮口的外侧和内侧。

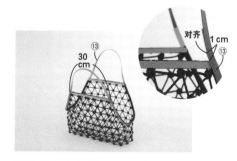

**30** 将⑬边缘外侧绳的一端在边缘外侧露出1 cm，然后沿提篮边缘粘贴1圈，提手部分分别留出30 cm。对齐两端，剪掉多余部分。

71

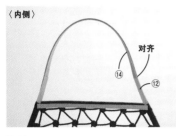

**31** 在⑬边缘外侧绳的内侧粘贴⑭提手中心绳，两端与⑫边缘侧边绳的绳端对齐。剪掉多余部分。

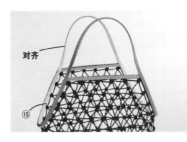

**32** 在步骤**31**的内侧粘贴⑮边缘内侧绳，注意从⑬边缘外侧绳相反的位置开始粘贴。对齐两端，剪掉多余部分。

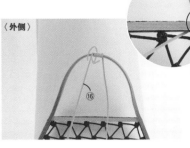

**33** 将⑯缠绕绳在提手中心对齐，按箭头所示方向，从中心向末端不留空隙地缠绕。在提手的末端缠成十字交叉形状。

**34** 接着，在篮口部分的花结之间各斜向缠绕2圈。结束时保留编绳。

**35** ⑯缠绕绳剩下部分也按步骤**33**的要领操作。在侧边的花结之间各斜向缠绕2圈。结束时保留编绳。

另一侧的提手也按步骤**33~35**的要领操作。

**36** 将步骤**34**中保留的编绳穿入提手内侧，再从边上穿出。

**37** 穿入外侧交叉编绳中的1条，再穿入内侧的1条编绳。在编绳的内侧涂上胶水拉紧，剪掉多余部分。

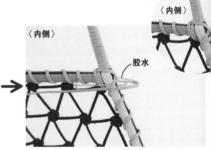

**38** 剩下的3处也按步骤**36**、**37**的要领操作。完成。

● 四股圆辫

**1** 取2条提手用绳，左边的编绳在上方，绳子一端呈V形交叉固定。取另外2条编绳按相同要领操作。

**2** 将步骤**1**中的2组编绳重叠后重新固定好。将a绕到b和c之间。

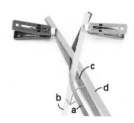

**3** 将c绕到b和a之间。

**4** 将d从下方绕到b和c之间，再绕到c和a之间。

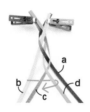

**5** 将b从下方绕到d和a之间，再绕到c和d之间。

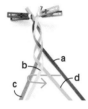

**6** 将a从下方绕到c和b之间，再绕到b和d之间。

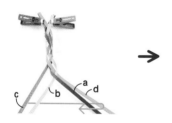

**7** 将c从下方绕到a和d之间，再绕到b和a之间。

中途一边拉紧一边编，辫子会更加漂亮。

所需长度

**8** 重复步骤**4~7**，编至提手用绳的末端。再从两端拆解至所需长度。

## 开满小花的手拿包　photo : p.18

## ◎ 材料

纸藤 30 m / 卷、5 m / 卷
（No.43 / 珍珠白色）…各1卷

## ◎ 准备编绳的宽度和条数　※①~⑰为编结绳

| ①a | 4股 | 250 cm×1条 |
|---|---|---|
| ②b、c | 4股 | 180 cm×各4条 |
| ③b | 4股 | 180 cm×4条 |
| ④c | 4股 | 180 cm×2条 |
| ⑤b | 4股 | 146 cm×4条 |
| ⑥c | 4股 | 226 cm×4条 |
| ⑦c | 4股 | 146 cm×5条 |
| ⑧b | 4股 | 226 cm×3条 |
| ⑨b插入绳 | 4股 | 65 cm×3条 |
| ⑩b插入绳 | 4股 | 110 cm×3条 |
| ⑪a | 4股 | 190 cm×9条 |
| ⑫a | 4股 | 105 cm×4条 |
| ⑬a | 4股 | 100 cm×4条 |
| ⑭a | 4股 | 95 cm×1条 |
| ⑮b、c | 4股 | 55 cm×各1条 |
| ⑯b、c | 4股 | 45 cm×各1条 |
| ⑰b、c | 4股 | 35 cm×各1条 |
| ⑱盘扣用绳 | 4股 | 30 cm×3条 |
| ⑲盘扣固定用绳 | 2股 | 30 cm×1条 |
| ⑳系绳 | 2股 | 50 cm×1条 |

## ◎ 裁剪图　多余部分 = ▨

〔30 m / 卷〕珍珠白色

| 12股 | ①a 4股250 cm | | ②b | ②c | ③b 4股180 cm | ③b | ⑤b 4股146 cm | ⑤b |
|---|---|---|---|---|---|---|---|---|
| | ②b 4股180 cm | | ②b | ②c | ③b | ④c 4股180 cm | ⑤b | ⑦c 4股146 cm |
| | ②b 4股180 cm | | ②c 4股180 cm | ②c | ③b | ④c | ⑤b | ⑦c |

⑨b 4股65 cm　　　　　　　　　　　　　　　1 262 cm

〔5 m / 卷〕珍珠白色

| 12股 | ⑦c 4股146 cm | | ⑥c 4股226 cm | ⑥c | ⑧b | ⑩b 4股110 cm | ⑯c 4股45 cm ⑮b 4股55 cm ⑮c 4股55 cm ⑨b 4股65 cm | ⑪a 4股190 cm |
|---|---|---|---|---|---|---|---|---|
| | | ⑦c | ⑥c | ⑧b 4股226 cm | | ⑯b 4股45 cm ⑩b | | ⑪a |
| | | ⑦c | ⑥c | ⑧b | | ⑩b | | ⑪a |

⑲2股30 cm　⑳2股50 cm　⑱4股30 cm　⑰c 4股35 cm　⑰b 4股35 cm　　1 189 cm

| 12股 | ⑪a 4股190 cm | ⑫a 4股105 cm | ⑬a 4股100 cm | |
|---|---|---|---|---|
| | ⑪a | ⑫a | ⑬a | |
| | ⑪a | ⑫a | ⑬a | |

⑭a 4股95 cm　　500 cm

| 12股 | ⑪a 4股190 cm |
|---|---|
| | ⑪a |
| | ⑪a |

190 cm

## ◎ 制作方法　※为了便于识别，改用不同颜色的编绳

### ● 对纸藤进行裁剪、分股

参照 "裁剪图"，按指定长度对纸藤进行裁剪和分股。

≫参照p.24 "纸藤的裁剪和分股"

### ● 制作底部　※除特别指定外，所有编绳均对折成V形后再编结

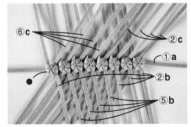
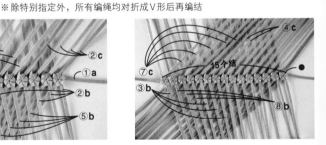

**1** 用①a和②b、c编中心的1个结。接着用②b、c编2个结，用⑤b和②c编1个结，用⑤b和⑥c编3个结，用②b和⑥c编1个结。

※折叠①a，使上方的编绳长100 cm；折叠②b、c，使上方的编绳长60 cm

≫参照 p.28 "花结的基础编法" 步骤 **1~9** 和 p.29 "编绳的折法"

**2** 旋转180°。用③b和④c编2个结，用③b和⑦c编1个结，用⑧b和⑦c编3个结，用③b和⑦c编1个结。

※折叠③b和④c，使上方的编绳长120 cm

● 制作主体

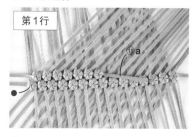
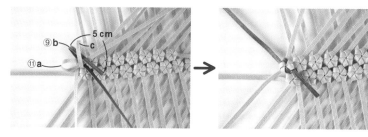

**3** 旋转180°。将底部延伸出的编绳看作b和c，用⑪a从长边中心编结，编至末端前一个结。
※折叠⑪a，使上方的编绳相当于前一行4个结的长度
≫参照p.34"基础款花结提篮"步骤11~21和p.29"编绳的折法"

**4** 折叠⑨b插入绳，使上方的编绳长5cm，将其看作b在转角编1个结。

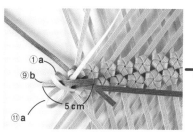
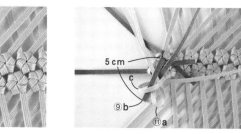

**5** 折叠⑨b插入绳，使上方的编绳长5cm，将其看作b在步骤**4**完成的花结旁边再编1个结（将编绳①a看作c）。

**6** 折叠⑨b插入绳，使上方的编绳长5cm，将其看作b在步骤**5**完成的花结旁边再编1个结。

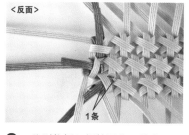

**7** 编至另一侧的末端，用⑩b插入绳按步骤**4**~**6**的要领操作。编至编结起点前剩3个结时，按p.36步骤**17**~**21**的要领操作。

<反面>

1条

**8** 分别将插入绳较短的一端穿至反面，穿入1条编绳中。编第2行时将其一起包在里面编结。

● 制作盖子

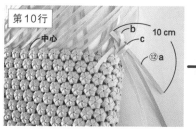
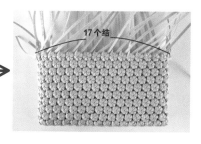

**9** 第2~9行分别用⑪a编结。
※折叠⑪a，使上方的编绳相当于前一行4个结的长度
※按p.25"错开编结起点位置"的要领操作

**10** 用⑫a编17个结。
※折叠⑫a，使上方的编绳长10cm

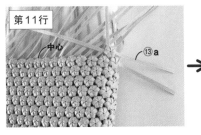

**11** 用⑬a编16个结。

※折叠⑬a，使上方的编绳长10cm

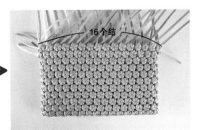

**12** 用⑫a和⑮b编1个结。

※折叠⑫a，使上方的编绳长10cm；
折叠⑮b，使上方的编绳长8cm

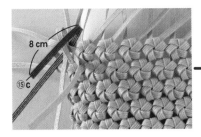

**13** 继续编15个结。最后用⑮c编1个结。

※折叠⑮c，使上方的编绳长8cm

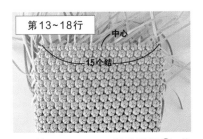

**14** 第13、15、17行分别用⑬a编16个结。按步骤**12**、**13**的要领，第14行用⑫a和⑯b、c编17个结，第16行用⑫a和⑰b、c编17个结，第18行用⑭a编15个结。

※折叠⑬a、⑫a、⑭a，使上方的编绳长10cm；折叠⑯b、c、⑰b、c，使上方的编绳长8cm

● 收边

**15** 按p.37步骤**23~25**的要领，对四周露出的编绳做收边处理。

● 安装盘扣

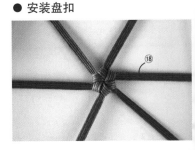

**16** 取3条⑱盘扣用绳，对折成V形后编中心的1个结。

**17** 翻至反面，将⑲盘扣固定用绳穿入中间的1条编绳中。

**18** 将⑱盘扣用绳折出的6条编绳分别跳过左侧相邻的编绳，挂在左侧第2条编绳上。

**19** 将最后1条编绳穿入最初形成的环中。

**20** 慢慢地均匀用力拉紧编绳，收紧中间的空隙，使其呈花形。

**21** 翻至正面，拉紧编绳，收紧中间的空隙。将6条编绳分别跳过左侧相邻的编绳，挂在左侧第2条编绳上。按步骤**19**的要领操作。

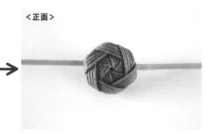

**22** 翻至反面，在编绳之间的空隙里涂上胶水使其粘贴在一起。剪掉多余部分。

**23** 将⑲盘扣固定用绳穿入主体。

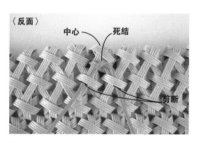

**24** 在盖子的反面打上死结。将绳端穿入1条编绳，涂上胶水后剪掉多余部分。

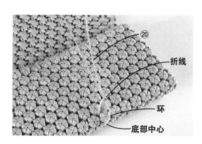

**25** 将⑳系绳对折，将环状的一头插入内侧，隔1行穿出。将绳端穿入环中。

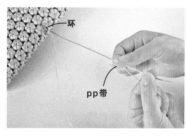

**26** 将⑳系绳从绳端分股至主体边缘，分成1股宽（一共4条）。

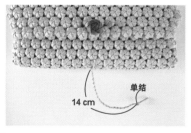

**27** 将⑳系绳编成14 cm长的圆辫，在末端将4条绳一起打1个单结。
≫参照p.73 "四股圆辫"

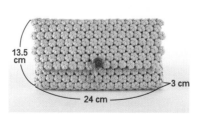

**28** 完成。将系绳在盘扣上绕几圈再挂回到系绳上，就可以扣紧了。

# 宠物外出携带包  photo：p.20

## ◎ 材料

纸藤 30 m／卷
（K1502-30／奶咖色）…3卷
纸藤 10 m/卷
（K1502-10／奶咖色）…1卷
纸藤 30 m／卷（K1700-30／白色）…1卷
圆形橡皮筋（白色）…15 cm×4根

## ◎ 准备编绳的宽度和条数  ※除特别指定外，均为奶咖色

※①~⑰、㉔~㉙为编结绳

**主体**

| | |
|---|---|
| ①a·············6股344 cm×1条 | ⑯a·············6股136 cm×2条 |
| ②a·············6股336 cm×2条 | ⑰a·············6股128 cm×2条 |
| ③a·············6股264 cm×2条 | ⑱盘扣用绳·············4股30 cm×6条 |
| ④a·············6股256 cm×2条 | ⑲盘扣固定用绳·············2股30 cm×2条 |
| ⑤b·············6股248 cm×7条 | ⑳边缘装饰绳·············6股600 cm×2条（白色） |
| ⑥c·············6股248 cm×9条 | ㉑提手内侧绳·············6股136 cm×2条（白色） |
| ⑦b·············6股280 cm×2条 | ㉒提手外侧绳·············6股137 cm×2条（白色） |
| ⑧b、c·············6股272 cm×各2条 | ㉓缠绕绳·············2股600 cm×2条（白色） |
| ⑨b、c·············6股264 cm×各2条 | **盖子** |
| ⑩b、c·············6股256 cm×各2条 | ㉔a·············6股104 cm×6条 |
| ⑪a·············6股352 cm×8条 | ㉕a·············6股96 cm×8条 |
| ⑫a插入绳·············6股80 cm×2条 | ㉖b、c·············6股72 cm×各14条 |
| ⑬a插入绳·············6股112 cm×4条 | ㉗b、c·············6股64 cm×各4条 |
| ⑭a·············6股152 cm×2条 | ㉘b、c·············6股48 cm×各4条 |
| ⑮a·············6股144 cm×2条 | ㉙b、c·············6股32 cm×各4条 |
| | ㉚盖子固定用绳·············3股30 cm×4条 |

## ◎ 裁剪图    多余部分 =

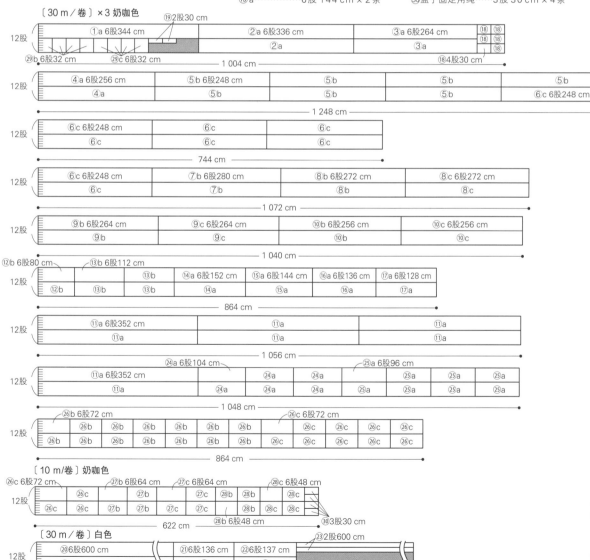

78

## ◎ 制作方法　※为了便于识别，改用不同颜色的编绳

### ● 对纸藤进行裁剪、分股

参照"裁剪图"，按指定长度对纸藤进行裁剪和分股。

>>参照p.24"纸藤的裁剪和分股"

### ● 制作底部

※除特别指定外，所有编绳均对折成V形后再编结

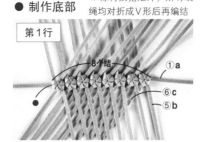

第1行

| | 编绳 | 折法 |
|---|---|---|
| 第2个结 | ⑤b、⑥c | 折叠b，使下方的编绳比前一个结的b长8cm；折叠c，使上方的编绳比前一个结的c短8cm |
| 第3个结 | 同上 | 同上 |
| 第4个结 | 同上 | 折叠后使上方的编绳与前一个结的b、c长度一致 |
| 第5个结 | ⑦b、⑥c | 同上 |
| 第6个结 | ⑧b、c | 折叠b，使下方的编绳与前一个结的b长度一致；折叠c，使上方的编绳比前一个结的c长24cm |
| 第7个结 | ⑨b、c | 折叠b，使下方的编绳与前一个结的b长度一致；折叠c，使上方的编绳比前一个结的c短8cm |
| 第8个结 | ⑩b、c | 折叠b，使下方的编绳与前一个结的b长度一致；折叠c，使上方的编绳比前一个结的c短8cm |

**1** 用①a、⑤b和⑥c编中心的1个结。继续编7个结。

※从第2个结开始，使用的编绳和折法请参照右表

>>参照p.28"花结的基础编法"步骤1~9

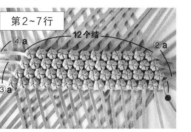

第2~7行

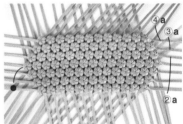

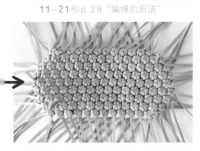

**2** 旋转180°。按步骤**1**的第2~8个结的要领编结。第1行完成。

**3** 第2行用②a编14个结，第3行用③a编13个结，第4行用④a编12个结。

※折叠②a、④a，使上方的编绳与前一行的a长度一致；折叠③a，使上方的编绳短32cm

>>参照p.28"花结的基础编法"步骤10~12

**4** 旋转180°。第5行用②a编14个结，第6行用③a编13个结，第7行用④a编12个结。底部完成。

※折叠②a、④a，使上方的编绳与前一行的a长度一致；折叠③a，使上方的编绳短32cm

### ● 制作主体

第1行

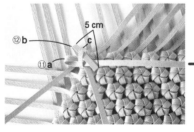

**5** 用⑪a从长边的中心开始编结，编至转角前一个结。

※折叠⑪a，使上方的编绳相当于前一行4个结的长度

>>参照p.34"基础款花结提篮"步骤11~21和p.29"编绳的折法"

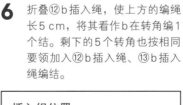

5 cm

**6** 折叠⑫b插入绳，使上方的编绳长5cm，将其看作b在转角编1个结。剩下的5个转角也按相同要领加入⑫b插入绳、⑬b插入绳编结。

插入绳位置

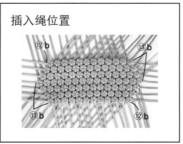

※⑫b、⑬b参照图中的插入绳位置进行编结

第2~8行

**7** 第2~8行分别用⑪a编结。

※折叠⑪a，使上方的编绳相当于前一行4个结的长度

※按p.25"错开编结起点位置"的要领操作

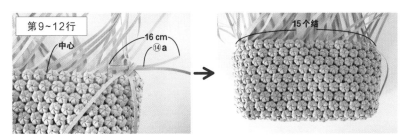

**8** 第9行用⑭a编15个结。
※折叠⑭a，使上方的编绳长16cm

**9** 第10行用⑮a编14个结，第11行用⑯a编13个结，第12行用⑰a编12个结。另一侧也按第9~12行的要领编结。
※折叠⑮a、⑯a、⑰a，使上方的编绳长16cm

● 收边

**10** △部分将b在c上绕2圈，♥部分将c在a上绕2圈，♡部分将a在b上绕2圈（△、♥、♡请参照步骤**12**）。

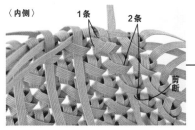
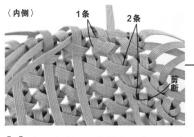

**11** 穿入内侧的1条编绳，折后再次穿入同一条编绳，接着穿入2条编绳后剪掉多余部分。边上其余编绳按相同要领操作。

包口4个转角的编绳处理方法

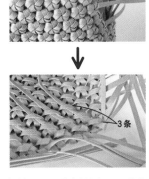

将编绳c（右侧转角）和编绳b（左侧转角）穿入内侧的3条编绳，剪掉多余部分。

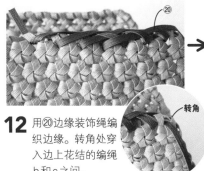

**12** 用⑳边缘装饰绳编织边缘。转角处穿入边上花结的编绳b和c之间。

▷边缘编织参照p.60步骤**26~29**，p.60、61步骤**32~37**

● 安装提手

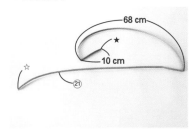

**13** 将㉑提手内侧绳折2次。

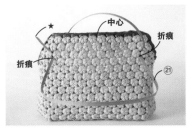

**14** 将两端从外侧穿至内侧，间隔1行再穿至外侧。

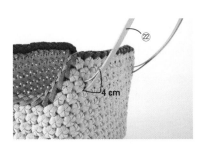

**15** 折痕处留出4cm，在两端的反面涂上胶水粘贴好。按p.30"方格图案的提篮"步骤**30~36**的要领操作，粘贴㉒提手外侧绳。将㉓缠绕绳缠至距末端3.5cm的位置。
※将㉒提手外侧绳的绳端折叠10cm

● 制作盖子

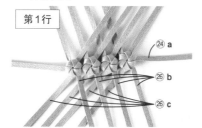

**第1行**

**16** 用㉔a和㉖b、c编中心的1个结。接着用㉖b、c编3个结。

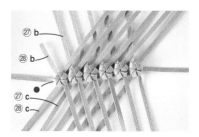

**17** 用㉗b、c编1个结，用㉘b、c编1个结。

※折叠㉗b、㉘b，使上方的编绳与前一个结的b长度一致；折叠㉗c，使上方的编绳比前一个结的c短8 cm；折叠㉘c，使上方的编绳比前一个结的c短16 cm

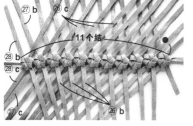

**18** 旋转180°。用㉖b、c编3个结，再按步骤**17**的要领编2个结。第1行完成。

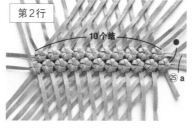

**第2行**

**19** 用㉕a编10个结。

※折叠㉕a，使上方的编绳与前一行的a长度一致

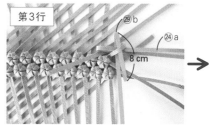

**第3行**

**20** 用㉔a和㉙b编1个结。

※折叠㉔a，使上方的编绳与前一行的a长度一致；折叠㉙b，使上方的编绳长8 cm

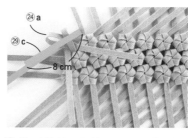

**21** 继续编9个结。最后用㉙c编1个结。

※折叠㉙c，使上方的编绳长8 cm

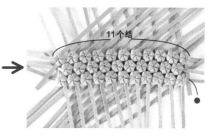

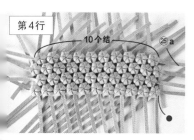

**第4行**

**22** 用㉕a编10个结。

※折叠㉕a，使上方的编绳与前一行的a长度一致

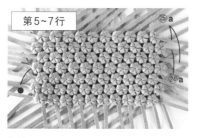

**第5~7行**

**23** 旋转180°。第5行用㉕a编10个结。第6行按步骤**20**、**21**的要领用㉔a和㉙b编，用㉙c编最后1个结，一共编11个结。第7行用㉕a编10个结。

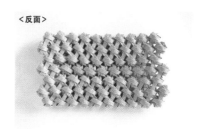

〈反面〉

**24** 将四周的编绳插入反面的3条编绳（4个转角插入2条编绳），剪掉多余部分。按相同要领再制作1个盖子。

≫参照 p.34 "基础款花结提篮" 步骤 **24**、**25**。

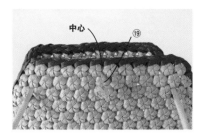

**25** 用3条⑱盘扣用绳制作盘扣，再穿入⑲盘扣固定用绳。共制作2个盘扣。

≫盘扣的制作方法参照p.74"开满小花的手拿包"步骤**16~22**

**26** 将⑲盘扣固定用绳穿入主体。

**27** 分别在内侧穿过边缘的1条编绳，打好死结。留出1 cm，剪掉多余部分，在绳结上涂上胶水。另一侧也按相同要领固定好盘扣。

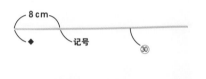

**28** 在4条⑳盖子固定用绳上做好记号。

**29** 将2条⑳盖子固定用绳穿入主体的侧边边缘。

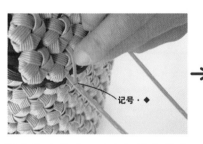

**30** 盖上盖子，将穿入主体的编绳再从盖子上穿出。

**31** 涂上胶水，对齐记号和绳端（◆），卷成3层的椭圆形。另一侧也按相同要领装上盖子。

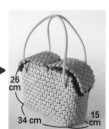

**32** 对齐盖子，分别在2个盖子上穿入橡皮筋，分别将橡皮筋的两端一起打1个单结。另一侧也按相同要领系上橡皮筋。完成。

# 圆弧口提篮  photo : p.22

## ◎ 材料

纸藤 30 m / 卷（No.18 / 靛蓝色）…2卷

## ◎ 准备编绳的宽度和条数  ※①～⑪为编结绳

| | | |
|---|---|---|
| ①a…………6股 | 286 cm×1条 | |
| ②a…………6股 | 278 cm×2条 | |
| ③a…………6股 | 270 cm×2条 | |
| ④b、c………6股 | 238 cm×各7条 | |
| ⑤b、c………6股 | 230 cm×各2条 | |
| ⑥b、c………6股 | 222 cm×各2条 | |
| ⑦b插入绳………6股 | 105 cm×6条 | |
| ⑧a…………6股 | 248 cm×7条 | |
| ⑨a…………6股 | 112 cm×2条 | |
| ⑩a…………6股 | 104 cm×2条 | |
| ⑪a…………6股 | 75 cm×2条 | |
| ⑫锁边绳………6股 | 420 cm×1条 | |
| ⑬提手内侧绳………6股 | 60 cm×2条 | |
| ⑭提手外侧绳………6股 | 61 cm×2条 | |
| ⑮缠绕绳………2股 | 298 cm×2条 | |

## ◎ 裁剪图  多余部分 =

〔30 m / 卷〕×2 靛蓝色

**12股**

| ①a 6股286 cm | ②a 6股278 cm | ③a 6股270 cm | ④b 6股238 cm |
|---|---|---|---|
| ⑧a 6股248 cm | ②a | ③a | ④b |

1072 cm

**12股**

| ④b 6股238 cm | ④b | ④b | ④c | ④c |
|---|---|---|---|---|
| ④b | ④b | ④c 6股238 cm | ④c | ④c |

1190 cm

**12股**

| ⑦b 6股105 cm | ⑦b | ⑦b | ⑩a 6股104 cm | ⑪a 6股75 cm | ⑬6股60 cm |
|---|---|---|---|---|---|
| ⑦b | ⑦b | ⑦b | ⑨a | ⑩a | ⑪a | ⑬ |

⑨a 6股112 cm
666 cm

**12股**

| ④c 6股238 cm | ⑤b 6股230 cm | ⑤c 6股230 cm | ⑥b 6股222 cm | ⑥c 6股222 cm |
|---|---|---|---|---|
| ④c | ⑤b | ⑤c | ⑥b | ⑥c |

1 142 cm

**12股**

| ⑧a 6股248 cm | ⑧a | ⑧a | ⑫6股420 cm |
|---|---|---|---|
| ⑧a | ⑧a | ⑧a | ⑭6股61 cm  ⑮股298 cm |

1 164 cm

## ◎ 制作方法  ※为了便于识别，改用不同颜色的编绳

### ● 对纸藤进行裁剪、分股

参照"裁剪图"，按指定长度对纸藤进行裁剪和分股。

≫参照p.24"纸藤的裁剪和分股"

### ● 制作底部和主体  ※除特别指定外，所有编绳均对折成V形后再编结

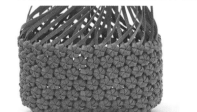

**1** 按p.34"基础款花结提篮"步骤1～22的要领编至侧面第7行。

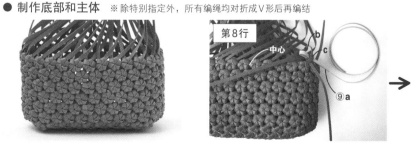

第8行  中心  b c  ⑨a

**2** 第8行用⑨a编11个结。

※ 折叠⑨a，使上方的编绳相当于前一行4个结的长度

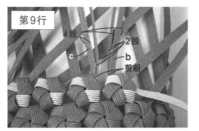

**3** 第9行用⑩a编10个结，注意将编结起点和编结终点的编绳b、c分成外侧的4股和内侧的2股。分别剪断2股的编绳（即内侧的编绳）。

**4** 两端用剩下的4股编绳b和c编1个结（两端的2个结变小）。
※折叠⑩a，使上方的编绳相当于前一行4个结的长度

● 收边

**5** 第10行用⑪a编7个结。另一侧也按步骤**2~5**的要领编结。
※折叠⑪a，使上方的编绳相当于前一行4个结的长度
※编结起点和编结终点按步骤**3**、**4**的要领，将编绳b、c分股剪断后再编结

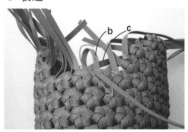

**6** 从侧边的中心开始收边。将b绕过c。

**7** 穿入内侧的1条编绳。

**8** 折叠，再次穿入步骤**7**中的编绳。

**9** 继续穿入下方的2条编绳，剪掉多余部分。

**10** 参照"收边缠绳"，按步骤**6~9**的要领做好一圈的收边。被缠在里面的编绳为1股或者2股，如果有3股以上时，则最内侧的编绳不缠。等所有的收边结束后，再剪掉多余部分。

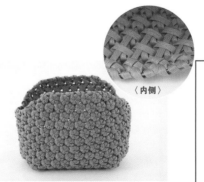

〈内侧〉

**收边缠绳**

A／将a缠在b或c上（c只有1处。重叠c和b）
B／将b缠在c上
C／将c或b缠在a上（b只有1处。重叠b和c）

**11** 将⑫锁边绳的一端折叠5 cm，穿入内侧。

**12** 将另一头的绳端往前跳过1个空隙，从内侧穿至外侧。

**13** 再从步骤**12**中跳过的空隙的内侧穿至外侧。

**14** 重复步骤**12**、**13**，缠1圈。将步骤**11**中预留的绳端翻至外侧。

**15** 最后往前跳过1个空隙，穿至外侧。

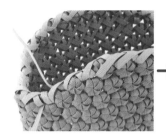

**16** 返回旁边的空隙，从内侧穿至外侧。将步骤**14**中翻至外侧的绳端留1 cm后剪断，涂上胶水。

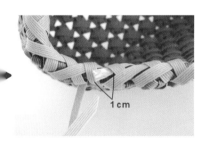

● 安装提手

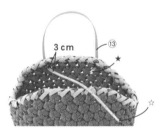

**17** 将另一端插入边缘的1条编绳与涂胶的一端重叠粘贴，剪掉多余部分。

**18** 按p.30 "方格图案的提篮" 步骤**27~34**的要领操作，与步骤**29**不同的是，在这里两端折痕处留出3 cm。

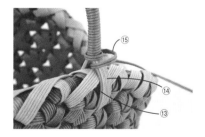

**19** 将⑮缠绕绳缠至篮口边缘，穿入⑬提手内侧绳根部的环中，然后继续在环外侧缠绕（环的内侧不缠）。

**20** 在⑮缠绕绳的反面涂上胶水，拉紧后沿着提手的边缘剪断。

**21** 提手剩下的一半也按相同要领操作，另一侧提手按步骤**18~21**的要领操作。

# 迷你篮子A、B、C  photo : p.23

## A

### ◎ 材料
纸藤（No.34 / 杏黄色）… 178 cm

### ◎ 裁剪图  多余部分 = 

[ 178 cm ] 杏黄色

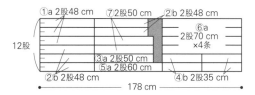

### ◎ 准备编绳的宽度和条数  ※①~⑥为编结绳

| | | |
|---|---|---|
| ①a ……………… 2股48 cm×3条 | | ⑤a ……………… 2股60 cm×1条 |
| ②b ……………… 2股48 cm×5条 | | ⑥a ……………… 2股70 cm×4条 |
| ③a ……………… 2股50 cm×1条 | | ⑦提手绳 ………… 2股50 cm×2条 |
| ④b 插入绳 …… 2股35 cm×4条 | | |

### ◎ 成品尺寸
底宽3 cm，高4 cm，侧边2.5 cm（不含提手）

### ◎ 制作方法  ※参照p.41"迷你购物篮"步骤1~10进行制作。编绳的折法请参照p.27

1 参照"裁剪图"，按指定长度对纸藤进行裁剪和分股。
2 制作底部。第1行用①a和②b编中心的1个结，接着用②b
　编2个结。旋转180°，用②b编2个结（第1行是5个结）。
　第2行用①a编5个结。旋转180°，第3行用①a编5个结。
　※ 第1行的编绳对折成V形后编结。第2、3行的①a折后使上方的编绳与
　　 前一行的a长度一致
3 制作主体。第1行折叠③a，使上方的编绳相当于前一行4个
　结的长度，编1圈。按相同要领，第2行加入④b插入绳，
　用⑤a编结。第3~6行用⑥a编结。
　※ 将④b插入绳对折成V形
4 喷上水，调整形状，等晾干后剪掉突出篮口边缘的编绳（a）。
5 将⑦提手绳的一端在7 cm位置折一下（b）。将两端从外侧穿
　入内侧（c）。
6 拉动绳端，使提手长度与☆ ~ ★一致（d）。
7 将2根提手粘贴在一起。
8 将多余的编绳从一头不留空隙地缠至另一头（e）。
9 结束时穿入提手根部的环中，在内侧涂上胶水后拉紧，沿着提
　手的边缘剪断（f）。
10 另一侧的提手也按步骤5~9的要领操作。

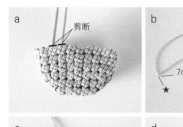
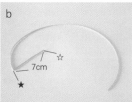

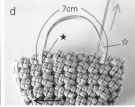

## B

### ◎ 材料
纸藤（No.33 / 浅棕色）… 334 cm

### ◎ 准备编绳的宽度和条数  ※①~⑥为编结绳

| | | |
|---|---|---|
| ①a ……… 2股74 cm×1条 | | ⑤a ……………… 2股84 cm×6条 |
| ②a ……… 2股70 cm×2条 | | ⑥b 插入绳 …… 2股28 cm×6条 |
| ③b、c … 2股60 cm× 各5条 | | ⑦提手绳 ………… 2股50 cm×2条 |
| ④b、c … 2股56 cm× 各2条 | | |

### ◎ 成品尺寸
底宽7 cm，高5 cm，侧边3 cm（不含提手）

## ◎ 裁剪图

多余部分 =

### [ 334 cm ]浅棕色

| 12股 | ③b 2股60 cm ×5条 | ③c 2股60 cm ×5条 | ⑤a 2股84 cm ×6条 | ④c 2股56 cm ④c ⑤a | ①a 2股74 cm ②a 2股70 cm ②a |
|---|---|---|---|---|---|
| | ④b 2股56 cm | ④b | | ⑥b 2股28 cm | ⑦2股50 cm |

← 334 cm →

## ◎ 制作方法
※参照p.34 "基础款花结提篮" 步骤**1~22**进行制作。编绳的折法请参照p.29

1　参照 "裁剪图"，按指定长度对纸藤进行裁剪和分股。
2　制作底部。第1行用①a和③b、c编中心的1个结，接着用③b、c编2个结，用④b、c编1个结。旋转180°，用③b、c编2个结，用④b、c编1个结（第1行是7个结）。第2行用②a编6个结。旋转180°，第3行用②a编6个结。
※ 折叠④b，使上方的编绳与前一个结的b长度后结。折叠④c，使上方的编绳比前一个结的c短4 cm。第1行的其他编绳均对折成V形后编结。第2、3行的②a折后使上方的编绳与前一行的a长度一致
3　制作主体。第1行折叠⑤a，使上方的编绳相当于前一行4个结的长度，加入⑥b插入绳1圈。按相同要领，第2~6行也用⑤a编结。
※ 折叠⑥b插入绳，使上方的编绳长5 cm
4　按A步骤4~10的要领剪断编绳，安装⑦提手绳。穿入位置请参照右图。

B和C的提手绳穿入位置
中心　中心

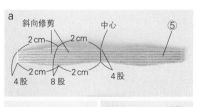

## C

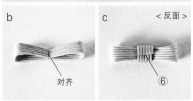

### ◎ 材料
纸藤（No.6／黑色）… 180 cm
纸藤（No.2／白色）… 50 cm

### ◎ 准备编绳的宽度和条数　※①~③为编结绳
①a … 2股60 cm×4条（黑色）　④提手绳 …………… 2股50 cm×2条（白色）
②b … 2股50 cm×8条（黑色）　⑤蝴蝶结主体用绳 …… 8股8 cm×1条（白色）
③a … 2股70 cm×6条（黑色）　⑥蝴蝶结中心用绳 …… 6股2.5 cm×1条（白色）

### ◎ 成品尺寸
底宽5.5 cm，高4 cm，侧边3 cm（不含提手）

## ◎ 裁剪图

多余部分 =

### [ 180 cm ]黑色

| 12股 | ①a 2股60 cm ①a ①a ①a | ②b ②b ②b ②b ②b ②b | ③a 2股70 cm ×6条 |
|---|---|---|---|
| | ②b 2股50 cm | | |

← 180 cm →

### [ 50 cm ]白色

| 12股 | ④2股50 cm |
|---|---|
| ⑤8股8 cm | ⑥6股2.5 cm |

← 50 cm →

## ◎ 制作方法
※为了便于识别，改用不同颜色的编绳
※参照p.30 "方格图案的提篮" 步骤**1~24**进行制作。编绳的折法请参照p.27

1　参照 "裁剪图"，按指定长度对纸藤进行裁剪和分股。
2　制作底部。第1行①a和②b编中心的1个结，接着用②b编4个结。旋转180°，用②b编3个结（第1行是8个结）。第2、3行用①a各编8个结。旋转180°，第4行用①a编8个结。
※ 第1行的编绳对折成V形后编结。第2~4行的①a折叠使上方的编绳与前一行的a长度一致
3　制作主体。第1行折叠③a，使上方的编绳相当于前一行4个结的长度，编1圈。按相同要领，第2~6行也用③a编结。将侧边部分折成V形（参照p.44）。
4　按A步骤4~10的要领剪断编绳，安装④提手绳。穿入位置请参照右上图。
5　修剪⑤蝴蝶结主体用绳（左右分别斜向修剪4处）（a）。
6　将两端在中心对齐后粘贴好（b）。
7　在中心缠上⑥蝴蝶结中心用绳，在反面进行粘贴（c），再粘贴到小包主体上。

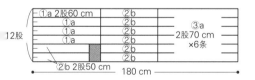

a
斜向修剪　中心　⑤
2 cm　2 cm
2 cm　2 cm
4股　8股　4股

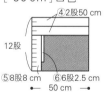

b
对齐

c
＜反面＞
⑥

KAMIBAND WO MUSUNED TSUKURU ZUTTO MOCHITAI
KAGO.（NV 70406）

Copyright © Akemi Furuki /NIHON VOGUE-SHA 2017 All rights
reserved.

Photographers: MIYUKI TERAOKA

Original Japanese edition published in Japan by NIHON VOGUE
CO.,LTD.,

Simplified Chinese translation rights arranged with BEIJING BAOKU
INTERNATIONAL CULTURAL DEVELOPMENT Co., Ltd.

豫著许可备字－2017－A－0239

## 古木明美（Akemi Furuk）

2000年开始用纸藤创作作品，目前除了在图书和
杂志等刊登作品外，还在文化学校和工作室担任
讲师。可爱的造型和简单易懂的制作方法深受欢
迎。此外，还尝试利用人造皮革带和pp带等新素
材进行各种作品的创作。著作有《用纸藤编织的
漂亮篮子和包包》(日本河出书房新社出版)、《纸
藤编织的包包和家用篮子》(日本宝库社出版)等。
http://park14.wakwak.com/~p-k/

### 图书在版编目（CIP）数据

从零开始玩纸藤：环保篮子和包包编织教程/（日）古木明美著；
蒋幼幼译.—郑州：河南科学技术出版社，2020.10
ISBN 978-7-5725-0100-5

Ⅰ.①从… Ⅱ.①古…②蒋… Ⅲ.①纸工－编织－教材 Ⅳ.①TS935.54

中国版本图书馆CIP数据核字（2020）第146361号

出版发行：河南科学技术出版社
　　　　　地址：郑州市郑东新区祥盛街27号　　邮编：450016
　　　　　电话：（0371）65737028　　65788613
　　　　　网址：www.hnstp.cn
策划编辑：刘　欣
责任编辑：刘淑文
责任校对：马晓灿
封面设计：张　伟
责任印制：张艳芳
印　　刷：北京盛通印刷股份有限公司
经　　销：全国新华书店
开　　本：787 mm×1 092 mm　1/16　　印张：5.5　　字数：80千字
版　　次：2020年10月第1版　　2020年10月第1次印刷
定　　价：49.00元